UNIMOG

Die Baureihen 424/425/427/435/437

Alexander J. Kraus

Motor buch Verlag

Einbandgestaltung: Luis dos Santos unter Verwendung von Fotos aus dem Archiv der Daimler Truck AG

Bildnachweis: Alle Bilder und Grafiken © Daimler Truck AG, außer: Spurzem - Lothar Spurzem, CC BY-SA 2.0 DE, via Wikimedia Commons (S. 10); Liuthalas, CC BY-SA 3.0, via Wikimedia Commons (S. 11 oben); Siggy Nowak@pixabay.com (S. 87); Hartmann76, CC BY-SA 3.0, via Wikimedia Commons (S. 104 oben); Free Photo World, CC BY 2.0, via Wikimedia Commons (S. 113 oben, 114 unten); Marinha do Brasil, CC BY-SA 2.0, via Wikimedia Commons (S. 118); Daniel Steger (Lausanne, Switzerland) Source: http://openphoto.net/gallery/image_id=11060 (CC-BY-SA), via Wikimedia Commons (S. 119); Norbert Schnitzler from Aachen, Deutschland, NRW, CC BY-SA 2.0, via Wikimedia Commons (S. 135); Garitzko, Public domain, via Wikimedia Commons (S. 137); Ra Boe / Wikipedia, CC BY-SA 3.0 DE, via Wikimedia Commons (S. 140); High Contrast, CC BY 3.0 DE, via Wikimedia Commons (S. 144); Autor unbekannt, Public domain, via Wikimedia Commons (S. 148); Grendelkhan, CC BY-SA 4.0, via Wikimedia Commons (S. 154 oben links); Centrodieselcol, CC BY-SA 4.0, via Wikimedia Commons (S. 154 oben rechts); Thilo Parg, CC BY-SA 3.0, via Wikimedia Commons (S. 154 unten); © Superbass / CC-BY-SA-3.0 (via Wikimedia Commons) (S. 157 unten); Joost J. Bakker from IJmuiden, CC BY 2.0, via Wikimedia Commons (S. 158 oben); MKFI, Public domain, via Wikimedia Commons (S. 213 oben); Sonaz, CC BY-SA 3.0, via Wikimedia Commons (S. 213 unten); Thiemo Schuff, CC BY-SA 3.0 DE, via Wikimedia Commons (S. 224 oben)

ISBN 978-3-613-04651-1

Postfach 103743, 70032 Stuttgart.
Ein Unternehmen der Paul Pietsch-Verlage GmbH & Co. KG

1. Auflage 2024

Sie finden uns im Internet unter:

WWW.MOTORBUCH-VERLAG.DE

Lektorat: Joachim Hack, Joachim Kuch
Innengestaltung: tebitron Gmbh, Gerlingen
Druck und Bindung:
DZS GRAFIK d.o.o, 1210 Ljubljana, Slovenia

Inhalt

Der Unimog auf dem Weg in die Zukunft: Testfahrt eines Versuchsfahrzeugs mit Wasserstoff-Verbrennungsmotor. (Foto: Frederik Feulner / Daimler Truck AG)

Vorwort

Nahezu jeder kennt den Unimog, vor allem im deutschsprachigen und europäischen Raum, mitunter aber auch auf den anderen Kontinenten des Erdballs. Man ist seit mittlerweile fast acht Jahrzehnten vertraut mit dem Anblick dieser multifunktionalen Arbeitsmaschine, die in ihrem konzeptionellen Kern bis heute kaum tiefgreifende Veränderungen erfahren hat. Das gibt ihr eine singuläre Stellung in der globalen Nutzfahrzeuggeschichte und hat bis heute ihr Überleben in dieser ebenfalls zunehmend schnelllebiger werdenden und vor immer größer werdenden Herausforderungen stehenden Branche gesichert.

Das ist umso erstaunlicher, als sich bei näherer Betrachtung der Historie des „Universal-Motor-Geräts" zeigt, dass die Karriere des hochgelobten Alleskönners von manchen Höhen und Tiefen geprägt war. Dabei gab es durchaus Phasen, in denen hinter der Zukunft des Unimog Fragezeichen standen und die Verantwortlichen in Stuttgart und Gaggenau die Komfortzone des im Vergleich zum Pkw-Bereich beschaulichen Nutzfahrzeugsektors verlassen mussten: Dann waren neue Konzepte, Initiativen und Investitionen gefragt, um auf sich verändernde Marktbedingungen zu reagieren und den Unimog weiterhin zu einem wegen seiner einzigartigen Qualitäten attraktiven, wenn auch kostspieligen Angebot für verschiedenste Kundenkreise zu machen.

Einen der wohl wichtigsten Wendepunkte in der Geschichte des Unimog markierte, aus heutiger Sicht betrachtet, der Beginn der 1970er-Jahre. Das konzeptionell einst so innovative Multitalent stieß zunehmend an seine Grenzen – zumindest im landwirtschaftlichen Bereich: Gemessen an den Ansprüchen des hier in vollem Gang befindlichen Strukturwandels kristallisierte sich immer stärker heraus, dass er unter diesen Bedingungen, typisch für einen Generalisten, auf der Ackersode vieles gut, aber kaum etwas sehr gut konnte. Das war schon immer so gewesen, fiel ihm aber nun, da die Konkurrenten aus dem Traktorenbereich immer stärker ihre besonderen Fähigkeiten in den Vordergrund zu rücken vermochten, auf die Füße. Und auch beim Thema Motorleistung musste der Unimog dringend nachlegen; nicht nur wegen der ständig muskulöser werdenden Traktoren, sondern auch, weil die Einsatzprofile vor allem im Kommunal- und industriellen Bereich deutlich anspruchsvoller geworden waren.

Aber das, so sahen es vermutlich auch die Produktplaner bei Daimler-Benz, war noch längst nicht alles. Es bedurfte vielmehr einer umfassenden Modernisierung des Multitalents, ohne dabei dessen Kernkompetenzen in Frage zu stellen – kurzum: Es war Zeit für den Start einer Fahrzeuggeneration, die das oberste Leistungssegment im Modellprogramm neu definierte und damit den Unimog fit für die Zukunft machte.

Einleitung
Der Unimog – Zeiten des Umbruchs

Der Gaggenauer Alleskönner hatte sich in puncto Verkaufszahlen viele Jahre lang in ruhigen und sicheren Gewässern bewegt. An der Schwelle zur 1970er-Dekade war aber eine deutliche Dynamisierung nahezu sämtlicher Rahmenbedingungen festzustellen: Die Zeiten wurden härter. Dabei hatte sich bereits Mitte der 60er-Jahre das Marktumfeld für den Unimog nachhaltig zu verändern begonnen. Rückgrat des Programms waren seinerzeit der alte 411er und der 406er, von denen zusammen jährlich etwa 1000 Einheiten verkauft werden konnten. Dieses Geschäft verlief stabil und ohne große Schwankungen. Mit dem Start der Modelloffensive ab 1965, als man in dichter Folge die Baureihen 416, 421, 403 und 413 auf den Markt gebracht hatte, reagierte Gaggenau jedoch auf Entwicklungen, die sich – insbesondere auf dem landwirtschaftlichen Absatzmarkt – im Hintergrund vollzogen. Der den ganzen Primärsektor betreffende, weitreichende Strukturwandel in der deutschen Agrarwirtschaft führte fortwährend zu Veränderungen, die auch verstärkt die Verkaufschancen des Unimog auf seinem traditionellsten Absatzmarkt tangierten.

Ab Mitte der 1960er-Jahre wurde von Kundenseite immer stärker manche konzeptbedingte Schwäche des Gaggenauer Multitalents adressiert. Eine davon war die außermittige Sitzposition, die, wie an diesem 421er, mithilfe eines frontseitigen Spurweisers kompensiert werden sollte.

Eindeutige Prognosen

Spätestens an der Schwelle zu den 60er-Jahren hatte eine zunehmende Spezialisierung der landwirtschaftlichen Betriebe eingesetzt, die in vielen Fällen zu einem Rückgang der Viehhaltung und im Gegenzug zu höheren Anforderungen beim Ackerbau führte – nicht zuletzt mit Blick auf die im Rahmen der Flurbereinigung durch Zusammenlegung größer gewordenen Anbauflächen pro Betrieb. Die renommierten Traktorenhersteller nahmen diese Entwicklungen natürlich wahr, und es fiel ihnen nicht schwer, die konzeptionellen Stärken traditioneller Ackerschlepper bei ihren Vermarktungsaktivitäten gegenüber potenziellen Kunden in den Vordergrund zu stellen.

Seinerzeit von Branchenbeobachtern angefertigte Analysen prophezeiten, dass das Absatzpotenzial für Traktoren der mittleren und gehobenen Leistungsklasse ab ca. 35 PS/26 kW bis zum Ende der 60er-Dekade auf rund 42.000 Fahrzeuge pro Jahr anwachsen würde – 1960 hatte es noch bei etwa 11.000 Einheiten gelegen. Diese Studien legten auch nahe, dass angesichts der sich dadurch verändernden Einsatzprofile auch das Thema Motorleistung deutlich an Bedeutung gewinnen würde. Nicht nur die Traktorenhersteller reagierten auf diesen Trend, sondern auch die Unimog-Entwickler, die damals in immer kürzeren Intervallen und bei allen angeboten Baureihen an der PS-Schraube drehten.

Ein seltener Anblick, insbesondere im landwirtschaftlichen Einsatz: Ein als Sattelschlepper ausgestatteter Unimog der Baureihe 416 zieht einen Miststreuer über die Ackerfläche. Vor allem auf seinem klassischen Zielmarkt tat sich der Alleskönner zunehmend schwer.

Die langhubige Schraubenfederung des Unimog sorgte, so nützlich sie für seine Geländetauglichkeit auch war, für ein Eintauchen der Fahrzeugfront, wenn zum Beispiel der Ladelöffel eines Frontladers vollgefüllt war – noch ein Kritikpunkt im Vergleich zu herkömmlichen Traktoren.

Spezialistentum gefordert

Eine gewisse Besorgnis löste in Gaggenau allerdings die Beobachtung der Marketing- und Vertriebsexperten aus, dass der Unimog im oberen Leistungsbereich, der seinerzeit bei etwa 60 PS/44 kW begann, nicht in gleicher Weise vom Verkaufsboom profitieren konnte, wie es große allradgetriebene Traktoren offenbar taten. Man musste hier einen erkennbar wachsenden Marktanteil für traditionell konzipierte Ackerschlepper zur Kenntnis nehmen, der auf Kosten der Unimog-Absatzzahlen ging. In dieser Fahrzeugklasse, die vor allem für die Bearbeitung größerer Anbauflächen prädestiniert war, fielen manche Schwächen, die der Unimog konzeptbedingt mit sich brachte, bei der Kaufentscheidung anscheinend besonders stark ins Gewicht. Immer häufiger wurden die Verkaufsberater mit der von Kundenseite vorgebrachten Einschätzung konfrontiert, dass der als Universalist ausgelegte Unimog gegenüber darauf spezialisierten Traktoren gewisse praktische Nachteile bei der möglichst effizienten Bearbeitung von Ackerflächen habe.

Gleichzeitig verloren bestimmte Talente und Eigenschaften des Unimog in der Alltagspraxis an Bedeutung. Dazu gehörten beispielsweise seine Fähigkeit zum schnellen Straßentransport und auch die Möglichkeit, auf der Hilfsladepritsche Personen mitzunehmen. Wegen des wachsenden Aufkommens von Transportdienstleistern und

Die Renaissance der klassischen Ackerschlepper war Mitte der 1960er-Dekade in vollem Gang. Vor allem leistungsstarke Allradtraktoren wie zum Beispiel dieser Fendt Favorit 3 machten dem Unimog Marktanteile streitig.

der zunehmenden Motorisierung der Landwirte mit Pkw verschiedenster Bauart waren diese Qualitäten immer weniger gefragt. Dazu kam, dass der Unimog für den zügigen Straßeneinsatz nach damaligen Vorschriften einen Lkw-Führerschein erforderte, und im Fall des Anhängerbetriebs die Ausstattung mit einer Druckluftbremsanlage obligatorisch wurde – was die Einstandspreise für den ohnehin eher kostspieligen Unimog noch weiter in die Höhe trieb. Potenzielle Käufer aus der Landwirtschaft fragten sich immer häufiger, warum man so viel Geld für den Kauf eines Unimog aufbringen solle, wenn man bestimmte Fähigkeiten des Fahrzeugs ohnehin kaum oder gar nicht mehr benötigte.

Kritischere Kunden

Es war eine lange bekannte Tatsache, dass sich im praktischen Umgang mit dem Unimog bei den wichtigsten Einsatzarten gewisse Nachteile gegenüber herkömmlichen Traktoren zeigten. Mit an vorderster Stelle stand hierbei die wie bei normalen Pkw und Lkw gestaltete Fahrersitzanordnung. Während die im Traktor übliche mittige Sitzposition beste Übersichtlichkeit bei Arbeiten in Reihenkulturen bot, empfanden zahlreiche Unimog-Interessenten dessen klassische Linkslenker-Sitzposition als eher ungünstig. In ähnlicher Weise wurde der Blick auf die vorne und/oder hinten angekoppelten Anbaugeräte kritisiert. Die Front des Unimog wies zwar nur die typische, sehr kurze und steil abfallende Motorhaube auf, reichte aber natürlich über die komplette Fahrzeugbreite. Bei einem normalen Traktor war zwar die Haube wesentlich länger und alles andere als steil abfallend gestaltet, aber sie war betont schmal und erlaubte deshalb vom erhöhten Fahrersitz einen viel besseren Blick auf das, was sich vor dem Schlepper tat.

In Gaggenau war man sich dieses konzeptbedingten Nachteils selbstverständlich bewusst, konnte dagegen aber auch nichts Durchgreifendes tun: Maßnahmen wie ein dickeres Sitzkissen für eine etwas höhere Sitzposition oder die Verwendung eines sogenannten Spurweisers, eines an der Wagenfront angebrachten, nach vorn ins Blickfeld des Fahrers reichenden, abgewinkelten Metallstabs, mit dessen Hilfe der Fahrer besser peilen konnte, waren am Ende nur Behelfslösungen, die zahlreiche Interessenten und Nutzer nicht wirklich überzeugten.

Auch die kleineren, aber dennoch hochkompetenten deutschen Traktorenhersteller verzeichneten vor allem in der schweren Klasse steigende Absatzzahlen auf Kosten des Unimog. Im Bild ein Eicher 3014 Wotan II mit Allradantrieb.

Auch die im Vergleich zum Traktor kleinen Hinterräder des Unimog gaben immer häufiger Anlass zur Kritik. Die Gefahr eines Einsinkens bei schweren Zugaufgaben auf nachgiebigem Grund war deutlich höher als bei einem Ackerschlepper gleicher Leistungsklasse. ↓

Nachteile rücken stärker ins Bild

Aber das war noch längst nicht alles, was die Praktiker aus der Landwirtschaft immer wieder vorbrachten. Neben den Übersichtlichkeitsproblemen bei der Spurhaltung wurde ebenfalls beklagt, dass durch die langhubige Federung des Unimog auch der Einsatz eines Frontladers oder anderer schwergewichtiger Anbaugeräte mit Schwierigkeiten verbunden war. Tatsächlich tauchte der Vorderwagen des Unimog aufgrund des hohen Gewichts etwa einer vollgefüllten Ladeschaufel erkennbar ein, was präzises Arbeiten und Rangieren erschwerte – auch dies eine Unzulänglichkeit, die bei Traktoren mit ihren stets ungefederten Achsen nicht auftrat. Dies galt auch für die Neigung des Unimog, sich bei Pflugarbeiten auf unterschiedlichen Böden wegen des beträchtlichen Federhubs an der Hinterachse trotz noch so geschickter Fahrmanöver einzugraben.

Eigentlicher Hintergrund dieses und manch anderer Defizite des Unimog im Vergleich zu herkömmlichen Traktoren war aber der Zuschnitt der Räder. Deren identische Größe vorne und hinten und insbesondere der generell kleine Durchmesser im Bereich von 18 bis 20 Zoll brachten zwar Vorteile beim Straßeneinsatz, wo Geschwindigkeiten bis zu 80 km/h erreicht wurden, aber dies wurde bekanntlich immer seltener von den Nutzern verlangt. Für Arbeiten auf der Ackersode hingegen war die beim Unimog mögliche Rad- und Reifenausstattung der wohl größte Nachteil des Gaggenauer Generalisten gegenüber Ackerschleppern mit ihren riesigen Hinterrädern. Diese konnten, weil Straßenfahrten nur selten erledigt werden mussten, mit viel niedrigeren Luftdrücken operieren. Das bot eine Reihe von bedeutsamen Vorteilen für die Landwirtschaft: Zum einen reduzierten die geringeren Luftdrücke der stark profilierten Traktorreifen deren Bodenpressung, schonten also die Anbauflächen, und zum anderen trugen solch groß dimensionierten Hinterräder eine höhere Nutzlast, vor allem aber sorgten sie, besonders in Extremfällen, für eine höhere und im Vergleich zum Unimog nochmals deutlich bessere Zugkraft.

Um sich der wiedererstarkten Konkurrenz erwehren zu können, blieben den Unimog-Entwicklern häufig nur Behelfslösungen. Hier sollten spurverbreiternde Gitterräder aus Metall die Bodenpressung reduzieren und ein Steckenbleiben verhindern.

Als regulatorisches Dauerproblem erwies sich das Thema Anhängerbetrieb: Um das Transportpotenzial des Unimog voll nutzen zu können, musste der Landwirt einen Lkw-Führerschein besitzen. Mit einer Pkw-Fahrerlaubnis waren im Anhängerbetrieb zunächst nur 20 km/h erlaubt.

Sonderstatus als Hindernis

Auch die schon in der Unimog-Frühzeit heiß umstrittenen regulatorischen Fragen im Zusammenhang mit der Einstufung des Multitalents als Ackerschlepper oder Lkw spielten aus Kundensicht eine Rolle bei der Kaufentscheidung pro oder contra Unimog. Wie bereits erwähnt, war der Besitz eines Lkw-Führerscheins Voraussetzung für die volle Ausnutzung des Unimog-Potenzials im Straßeneinsatz Verfügte der Nutzer nur über einen Pkw-Führerschein der Klasse 3, durfte er einen mit Anhänger versehenen Unimog nur bis zu einer Geschwindigkeit von 20 bzw. später 32 km/h bewegen. Dies war für zahlreiche Landwirte ein echtes Kaufhindernis. Auch die jährliche Vorführpflicht beim TÜV, die für Fahrzeug und Anhänger galt und zusätzlich Zeit und Geld kostete, wurde als Nachteil des Unimog wahrgenommen.

Unverändert schwacher Export

Für Daimler-Benz bzw. Unimog waren viele der Einstufungsprobleme, die das neuartige Fahrzeug bereits zum Zeitpunkt seines Produktionsstarts in Gaggenau betroffen hatte, auch nach anderthalb Jahrzehnten noch nicht zufriedenstellend gelöst. Zwar war es bereits 1951 gelungen, bei der Deutschen Landwirtschafts-Gesellschaft (DLG) für den Unimog eine Klassifizierung als Ackerschlepper zu erreichen, die eine Reihe von steuerlichen Vorteilen für die Fahrzeughalter mit sich brachte. Aber bis auf die Behörden in den Niederlanden und Großbritannien, die im Gaggenauer Multitalent gleichfalls einen Ackerschlepper sahen, gingen den zuständigen Stellen im Rest von Europa die Ähnlichkeiten des Unimog mit einem Lkw doch zu weit, um ihm bei der Einfuhr und dem anschließenden Betrieb in der Landwirtschaft zoll- und steuertechnisch eine Vorzugsbehandlung zuteilwerden zu lassen. Politisch galt es dabei natürlich auch, die jeweiligen einheimischen Traktorproduzenten vor unliebsamer ausländischer Konkurrenz zu schützen…

Die erste Serienversion der neuen Arbeitsmaschine ähnelte noch stark dem 1969 fertiggestellten ersten Prototypen – dieser hatte zwar ein stimmiges Konzept für land- und forstwirtschaftliche Nutzung gezeigt, aber auch zahlreiche interne Diskussionen ausgelöst.

Unverkennbar am neuen Fahrzeug, das später unter der Bezeichnung MB-trac in den Verkauf gelangen sollte, war das gegenüber dem Unimog deutlich in Richtung Traktor veränderte äußere Erscheinungsbild.

So gelangte der Unimog als landwirtschaftlich eingesetztes Fahrzeug nur in kleinen Stückzahlen auf internationale Märkte. Seine Wettbewerbsposition wurde dabei durch im Vergleich stattliche Verkaufspreise ebenso geschwächt, wie durch höhere Unterhaltskosten, weil es verboten war, ihn mit subventioniertem Agrardiesel zu betreiben und deshalb höhere Kraftstoffkosten anfielen.

Ein neuer Ansatz tut not

Angesichts der insgesamt schwieriger gewordenen einheimischen Marktsituation und eines kontinuierlich schwächelnden Exportgeschäfts braute sich im Unimog-Himmel an der Schwelle zu dem 70er-Jahren einiges zusammen. Noch verdiente man in Gaggenau gutes Geld mit dem Alleskönner, aber ein nicht geringer Anteil der wirtschaftlichen Grundsubstanz wurde – abgesehen von den nach wie vor lukrativen militärischen Absatzkanälen – mittlerweile im stets unter hohem Budgetdruck stehenden Kommunalgeschäft und mit gewerblichen sowie Kunden aus der Industrie erwirtschaftet. Wollte man die Fertigungskapazitäten in Gaggenau auch in Zukunft mindestens auf gleichem Niveau aufrechterhalten oder, besser noch, erhöhen, waren speziell im Hinblick auf die bisher so treuen Kunden aus der Landwirtschaft neue Ideen und Initiativen erforderlich. Die inzwischen vonstattengegangene Aufblähung der Typenpalette hatte hier keine durchschlagende Wirkung gezeigt – vielmehr wurde immer klarer, dass man das Thema Unimog in bestimmten Bereichen neu denken musste.

So versuchte man in Gaggenau, zunächst mit einem neuen Fahrzeugkonzept, das die hohen Anforderungen einer modernisierten Landwirtschaft bestmöglich berücksichtigte, verlorengegangenes Terrain bei der klassischen Unimog-Zielgruppe zurückzugewinnen. Zu diesem Zweck starteten die Produktplaner von Daimler-Benz Anfang 1968 eine Umfrage unter 250 Landwirten, die in Erfahrung bringen sollte, wie eine perfekte Multifunktionsmaschine beschaffen sein sollte.

Obwohl der MB-trac zunächst zahlreiche Komponenten von der Baureihe 403 übernommen hatte, verzichtete man bei Daimler-Benz bewusst darauf, ihn unter der Bezeichnung Unimog anzubieten. Auf Messen, wie hier 1973 in London, wurden beide Fahrzeugtypen aber gemeinsam präsentiert. →

Ein Klon aus Unimog und Traktor

Eine parallel von den Entwicklern skizzierte Konzeptstudie zeigte eine Arbeitsmaschine, die nicht nur in ihrem Erscheinungsbild deutlich näher an einem üblichen Traktor als am Unimog war. Das galt sowohl für ihre Proportionierung wie auch für die Tatsache, dass sie über eine ungefederte Hinterachse verfügte, die die bisher vorhandene, beispielhafte Geländefähigkeit einschränkte. In dieselbe Richtung wies die anvisierte Höchstgeschwindigkeit des Entwurfs von 25 km/h, die der sich verändernden Transportinfrastruktur in der Landwirtschaft Rechnung trug. Was die Verwendung wichtiger Technikkomponenten anbetraf, griff man jedoch auf den bekannten Unimog-Teilebaukasten zurück.

Kritik der Traditionalisten

Dass sich das neu konzipierte Arbeitsgerät in manchen wesentlichen Punkten vom Unimog entfernte, löste vor allem in Gaggenau interne Diskussionen aus. Nicht alle Entscheidungsträger vor Ort befürworteten den sich abzeichnenden Problemlösungsansatz. Dies geschah nicht allein aus sentimentalen Gründen oder aus grundsätzlichen Überlegungen heraus, sondern weil auch die Befürchtung lautwurde, dass der Unimog seinen singulären Nimbus als „Alleskönner" verlieren und nun fast ausschließlich zu einem Arbeitsgerät im kommunalen und industriellen Umfeld degradiert würde – mit nicht absehbaren Konsequenzen für seine weitere technische Entwicklung und auch die Kapazitätsauslastung in Gaggenau.

Eines der wichtigsten Anliegen der Landwirte betraf die Raddimensionen am neuen MB-trac. Zwar konnten Vorder- und Hinterräder durchaus identisch dimensioniert sein, aber sie sollten wesentlich voluminöser ausfallen als beim Unimog – wie diese 24-zölligen Grünlandreifen von Michelin.

Wichtigster Aspekt einer für die Landwirtschaft geeigneten Bereifung war deren möglichst geringe Bodenpressung auf Ackerland. Die dafür notwendige Reifenspezifikation war aber nicht mit der Schnellfahrfähigkeit des Unimog vereinbar – ein handfester Minuspunkt für den Klassiker.

Der Prototyp

Obwohl noch längst nicht alle Widerstände aus dem Weg geräumt waren, wurde der Entschluss gefasst, bis zum Frühling des Folgejahres einen funktionstüchtigen Prototyp des neuen Fahrzeugs auf die Räder zu stellen. Als dieser schließlich mit leichter Verspätung im Mai 1969 dem Daimler-Benz Vorstand präsentiert wurde, hatte er in seinem äußeren Erscheinungsbild tatsächlich nichts mehr mit einem Unimog gemein. Er wirkte eher wie eine umfassend modernisierte Variante eines traditionellen Ackerschleppers, bei der als erstes die vier dominanten Räder von identischem Format ins Auge fielen. Um mit Blick auf eine mögliche Serienentscheidung Kosten zu sparen, wurden am Prototyp zahlreiche Bauteile des Unimog 403 verbaut. Dazu gehörten an vorderster Stelle der 3,8-Liter-Vierzylinder-Diesel OM 314, der hier auf 60 PS/44 kW justiert worden war, sowie das Getriebe und die Portalachsen neuester Generation. Noch nichts zu sehen war zu diesem Zeitpunkt von einem festen Fahrerhaus. Stattdessen war nur ein massiver Überrollbügel aus Stahlprofilen vorhanden, der sich über den zentralen Fahrersitz wölbte. Selbstverständlich waren viele Spezifikationen und Detailausführungen des Prototyps noch nicht endgültig festgelegt. So konnte zum Beispiel vom gewünschten freien Blick auf alle vier Räder keine Rede sein. Die riesigen 24-Zöller verbargen sich unter kantigen Radabdeckungen, die auch vorne rahmenfest ausgeführt waren, und der Fahrer musste drei breite Trittstufen hinaufsteigen, um in seinen hoch oben thronenden Sitz zu gelangen.

Eine Frage der Zeit

Alles in allem gab es dennoch keinerlei Zweifel, dass das realisierte Fahrzeugkonzept auf Anhieb so überzeugend ausgefallen war, dass man – eine Serieneinführung in ein paar Jahren fest im Blick –, sofort mit umfangreichen Erprobungen begann und im Hintergrund erste Kostenkalkulationen erstellt wurden. Parallel wurde zu diesem Zweck ein zweiter Prototyp aufgebaut, der ebenfalls Praxistests absolvierte. Man rechnete damit, mit dem neuen Modell, über dessen Typenbezeichnung und Positionierung im Vergleich zum Unimog man sich noch keine Gedanken gemacht hatte, in der Land- und Forstwirtschaft einen Marktanteil von bis zu 50 % im Segment der bis zu 100 PS/74 kW starken Allradschlepper erreichen zu können. Und dank der vielen Gleichteile, die verwendet werden konnten, sah man das neue Fahrzeug auch preislich auf Augenhöhe mit der Topklasse herkömmlicher Allradtraktoren.

Bis zur tatsächlichen Einführung des neuen Fahrzeugs sollte dann, trotz aller anfänglichen Euphorie, aber noch weit mehr Zeit vergehen als gedacht und geplant. Zudem tauchten mit einem Mal Probleme aus völlig unerwarteter Ecke auf: Die Analyse der Umfrage von 1968 hatte nahegelegt, die neue, speziell auf die Anforderungen in der Landwirtschaft zugeschnittene Arbeitsmaschine nicht mit dem Namen Unimog zu versehen – das wecke zu viele negative Assoziationen. Stattdessen wurde befürwortet, bei der Vermarktung eines solchen Fahrzeugs verstärkt die Marke Mercedes-Benz ins Spiel zu bringen, deren exzellenter Ruf angesichts des herausfordernden Wettbewerbsumfelds sicher hilfreich sein würde; ein deutlicher Fingerzeig dahingehend, wie sehr der Unimog seinerzeit im landwirtschaftlichen Umfeld unter Druck stand.

Diese Aufnahme von 1974 zeigt, wie altmodisch die Unimog-Modelle der kleinen und mittleren Leistungsklasse gegenüber dem bereits gewachsenen MB-trac Programm wirkten. Kein Wunder, dass das klassische Multitalent hier auf verlorenem Posten stand.

Zweigleisig in die Zukunft

Am Ende startete die Markteinführung der neuen Agrarmaschine erst im Sommer 1973 – unter der Bezeichnung MB-trac. Damit hatten die Verantwortlichen bei Daimler-Benz zum einen klargemacht, dass sie die Analyseergebnisse der Kundenbefragung ernstgenommen und den Namen Unimog außen vor gelassen hatten. Zum anderen war aber auch deutlich geworden, dass die neue Arbeitsmaschine mit ihrem Fokus auf landwirtschaftliche Einsatzprofile als Ergänzung zum Unimog und keinesfalls als dessen Ersatz gedacht war.

Der Unimog konnte damit seinen eigenen Weg als einzigartiges Multifunktionsfahrzeug weitergehen. Seine Zukunft, das hatte sich schon seit den 60er-Jahren abgezeichnet, lag nun verstärkt auf Einsatzprofilen jenseits des Agrarsektors, etwa im Kommunalbereich, in der Industrie, im Infrastrukturbereich und im Gewerbe – ohne jedoch Anwendungen in der Landwirtschaft außer Acht zu lassen. Diese Akzentverschiebung reduzierte jedoch keineswegs den Druck auf den Gaggenauer Klassiker, ganz im Gegenteil: Der Bedarf an leistungsfähigeren Ausführungen des Unimog wurde auch hier immer stärker spürbar, doch waren solche mit dessen traditionellem Grundkonzept leichter in Einklang zu bringen.

Bestens zugängliche Anbauräume für Zusatzgeräte waren ein charakteristisches Merkmal des neuen MB-trac. Durch die hohe Sitzposition und die großflächig verglaste Kabine hatte der jeweilige Anwender einen optimalen Blick auf das Geschehen.

MB trac 65/70

Kapitel 1
425 und 435 – Vorstoß in die schwere Klasse

Trotz der 1973 vollzogenen Einführung des MB-trac, der sich von Beginn an zu einem großen Verkaufserfolg entwickelte, ließen die Verantwortlichen in Gaggenau nichts unversucht, auch den klassischen Unimog in leistungsgesteigerter Form zu einem attraktiven Angebot für die traditionellen Kundenkreise aus Land- und Forstwirtschaft zu machen. Unter den gegebenen Umständen spekulierten die Marketing- und Vertriebsfachleute zwar nicht auf besonders hohe Verkaufszahlen und Marktanteile, doch waren die Einsatzmöglichkeiten gegen Mitte der 1970er-Jahre auch in diesen Segmenten so vielfältig und individuell geworden, dass der Alleskönner hier nach wie vor nutzbringend verwendet werden konnte. Zugleich war es aber notwendig, entsprechend den kontinuierlich wachsenden Kundenanforderungen in puncto Leistung und Belastbarkeit eine aktualisierte Fahrzeuggeneration zu entwickeln und auf den Markt zu bringen, die für den Unimog einen neuen Standard setzen sollte.

Als der Unimog 425 auf der Frankfurter DLG-Ausstellung 1974 erstmals öffentlich gezeigt wurde, beeindruckte er die interessierten Besucher mit seiner Größe und einer gestalterischen Modernität, die man vom Gaggenauer Multitalent bisher nicht gewohnt war.

Sensationelle Messeneuheit

So nahm etwa parallel zur Entwicklung des MB-trac im Hintergrund die umfassende Neukonstruktion der ersten wirklich schweren Unimog-Baureihe ihren Lauf. Deren Ergebnis war auf der in Frankfurt/Main Mitte September 1974 veranstalteten DLG-Ausstellung zu besichtigen und sorgte gehörig für Aufsehen. Dem vor Ort präsentierten neuen Unimog war die Baureihenbezeichnung 425 zugewiesen worden, und er als Typenbezeichnung vorerst den Modellnamen U 120 erhalten. Auf Anhieb war daran zwar nicht zu erkennen, dass der Neue das Flaggschiff des Unimog-Programms darstellen sollte, denn seit 1970 wurde als Topmodell der Baureihe 416 der U 125 mit 125 PS/92 kW angeboten, aber als die Messebesucher in Frankfurt das neue Modell in Augenschein nahmen, verflogen alle Zweifel am wahren Rang der Neuvorstellung. Vor ihnen präsentierte sich ein Unimog, der vor allem optisch den Sprung in die Neuzeit wagte und mit seiner imposanten Gesamterscheinung eindeutig das neue Spitzenprodukt der Unimog-Fahrzeugpalette darstellte.

Trotz des speziell auf die Erfordernisse in der Land- und Forstwirtschaft abgestimmten MB-trac sollte die erste „Schwere Baureihe" des Unimog auch im Agrarbereich ihre Kunden finden. In begrenztem Umfang gelang dies auch.

Unimog im Großformat

Als erstes fielen die markant veränderten Dimensionen des U 120 ins Auge. Schon mit einem Radstand von 2810 mm unterschied sich dieser drastisch von den 2380 mm eines U 84 der bisherigen Spitzenbaureihe 406. Nicht anders sah es bei den Breiten- und Höhenmaßen aus: Wies ein U 84 eine Gesamtlänge von 4100 mm auf, so betrug diese beim U 120 satte 4870 mm. In der Breite war der Neue mit 2300 mm exakt 140 mm gewachsen, aber erst bei der Fahrzeughöhe wurden die Unterschiede so richtig deutlich: Hier maß der U 84 2350 mm, der U 120 der Baureihe 425 aber 2685 mm – eine enorme Differenz von 335 mm. Kein Wunder, dass der Neue gegenüber den bisherigen Unimog-Topmodellen wie ein Fahrzeug von anderem Maßstab erschien, das mit seinen Proportionen fast schon einschüchternd wirkte. Andererseits signalisierte er bereits mit seinem optischen Auftritt hohe Leistungsfähigkeit und Kompetenz.

Zukunftsweisende Kabine

Hatten sich die Messebesucher in Frankfurt so gerade mal an das im Vergleich geradezu monumentale Erscheinungsbild des neuen Gaggenauers gewöhnt, richtete sich der Blick schnell auf das zweite ungewohnte Merkmal des U 120: das völlig neue, ausschließlich geschlossen lieferbare Ganzstahl-Fahrerhaus. Dessen äußere Gestaltung war nicht allein bei Unimog entstanden, sondern in enger Zusammenarbeit mit dem Stuttgarter Daimler-Benz Stammhaus – schließlich war es zu Beginn der 1970er-Jahre aus Marketinggründen immer wichtiger geworden, dass die angewendete Designsprache neben maximaler Praxistauglichkeit und gefälliger Optik auch eine gewisse Familienähnlichkeit mit anderen Fahrzeugen der Marke, in diesem Fall mit Mercedes-Benz Lkw und Transportern, erkennen ließ. So stellte die neue Kabine mit ihrer dem Zeitgeist entsprechenden geradlinigen bis kantigen, gänzlich schnörkelfreien Formgebung eine überaus gelungene Neuinterpretation des klassischen Unimog-Fahrerhauses dar.

Durchdachtes Konzept

Typischstes Element war die Kurzhauber-Auslegung mit einer insgesamt etwas höher bauenden und weniger steil als bisher nach vorne abfallenden Motorhaube. Auffällig war, dass die neuen großformatigen Scheinwerfer im modischen Rechteckformat nun in den wesentlich breiteren und insgesamt massiveren vorderen Stoßfänger integriert waren. Die eckige Kühlerverkleidung mit großem, zentral angeordnetem Mercedes-Stern war in Schwarz gehalten. Aufgrund der wesentlich größeren Fahrzeugdimensionen bot die Kabine weit mehr Bewegungsfreiheit als jemals beim Unimog üblich gewesen war. Durch die schiere Aufbauhöhe wurden riesige Glasflächen möglich, die dem

Auch im Innenraum – hier der eines Vorserienmodells vom Typ U 120 – setzte der große Unimog neue Maßstäbe. Geräumigkeit, zeitgemäße Ergonomie, eine höheres Komfortniveau und hervorragende Übersichtlichkeit waren die kennzeichnenden Merkmale.

Fahrer zusammen mit seiner hohen Sitzposition trotz der höher bauenden Kurzhaubernase einen vorzüglichen Blick nicht nur auf das Geschehen vor der Fahrzeugfront, sondern auch rundum erlaubte. Das alles war kombiniert mit einer nach neuestem Erkenntnisstand gestalteten Bedienungsergonomie und hohem Sitzkomfort für Fahrer und Passagiere – kurzum: Die neue Baureihe 425 bot in puncto Fahrerhaus ein bisher ungekanntes konstruktives Niveau; niemand konnte 1974 auch nur ahnen, dass diese Kabine bis heute, rund ein halbes Jahrhundert später, ihre Tauglichkeit ohne wirklich tiefgreifende konzeptionelle Modifikationen unter Beweis stellen würde.

Dank der hohen Leistungsfähigkeit der 425er, vor allem im Hinblick auf Tragfähigkeit und Zugvermögen, konnten nun auch besonders schwere Anbaugeräte souverän zum Einsatz gebracht werden.

Erprobte Komponenten

Dem direkten Blick entzogen blieben die sonstigen bedeutenden Technikelemente des U 120. Da war zunächst der Leiterrahmen, dessen bewährtes Grundkonzept im Wesentlichen unverändert übernommen worden war. Er bestand wieder aus zwei stählernen, gekröpften Längsträgern mit nach innen weisendem U-Profil, die durch eingeschweißte Querträger aus Rohrmaterial miteinander verbunden waren. Diese Auslegung garantierte auch weiterhin exzellente Tragfähigkeit und – trotz der deutlich größeren Fahrzeugdimensionen – beispielhafte Qualitäten im Gelände. Neu war, das man vorsah, Kunden die Möglichkeit zu geben, den Rahmen entsprechend den Einsatzerfordernissen speziell konfigurieren zu lassen, beispielsweise durch zusätzliche Querträger oder sonstige Verstärkungen.

Auch für kommunale Spezialaufgaben wie das Düngen eines Kanaldeichs war der große Unimog mit seinen Fähigkeiten im Gelände ideal geeignet. Das abgebildete Exemplar ist für alle Eventualitäten mit einer schweren Front- und einer Rahmenseilwinde ausgestattet.

Neues Getriebe

Auch antriebseitig zeigte das Frankfurter Messemodell von 1974, das tatsächlich noch ein Prototyp war, Bewährtes. Unter der Kurzhaube werkelte der unter anderem aus dem 406er bekannte Sechszylinder OM 352, der mit seinen zunächst 120 PS/88 kW aus 5675 cm³ immer noch alles andere als ausgelastet war und damit unverändert als perfekte Kraftquelle auch für die neue Schwere Baureihe galt. Anders sah dies beim Getriebe aus. Das bisherige UG 2/27, das in der Grundausführung 6 Gänge aufwies, war den in der Einsatzpraxis zu erwartenden Belastungen nicht mehr in vollem Umfang gewachsen und wurde vom neuen, pneumatisch bedienbaren UG 3/40-8 abgelöst, das deutlich höhere Drehmomente verarbeiten konnte. Es handelte sich dabei um ein 4-Gang-Getriebe mit angeflanschtem Planetengetriebe. Letzteres ermöglichte es, die vier Gänge in zwei Gruppen zu schalten, womit acht Gänge verfügbar waren, die sich aber mit nur einem Schalthebel schalten ließen: Wenn man den 5. Gang einlegte, schaltete das Getriebe in den 1. Gang der zweiten Schaltgruppe usw. Statt eines normalen Rückwärtsgangs war zwischen Antriebswelle und Vorgelegewelle ein Zwischenrad eingebaut, dass mit einem eigenen Hebel geschaltet wurde und so die Dreh- und damit die Fahrtrichtung änderte. Auf diese Weise konnte man rückwärts fast genauso schnell fahren wie vorwärts! Benötigte man neben dem normalen Über- und Untersetzungsangebot des UG 3-Getriebes noch weitere Abstufungsmöglichkeiten, zum Beispiel für landwirtschaftliche Einsätze, stand später, in der Serie, noch ein zusätzliches 3-Stufen-Planetengetriebe optional zur Verfügung, das neben der normalen Gangstufe noch einen Langsamfahr- und einen Kriechgangmodus bot, sodass sich die Anzahl der nutzbaren Vorwärts- und Rückwärtsgänge auf 24 verdreifachte. In dieser Ausführung war grundsätzlich eine pneumatisch angesteuerte Doppelkupplung installiert, die die Schaltarbeit für den Anwender wesentlich erleichterte.

Die Eckdaten der „Schweren Baureihe“ machten die entsprechenden Modelle auch für gewerbliche Anwender interessant. Hier räumt ein Fahrzeug mithilfe eines Aufbauladers des österreichischen Herstellers Palfinger einen Graben und belädt zugleich den angekoppelten Häckselanhänger.

Das Ur-Konzept lebt

Ansonsten entsprach die technische Auslegung des U 120 üblicher Unimog-Praxis. An Bord waren unverändert der Allradantrieb mit zuschaltbarer Vorderachse, die Differenzialsperren sowie die an Schubrohren und einem Panhardstab geführten, nun aber verstärkten Portalachsen mit hydraulischen Stoßdämpfern und langhubigen Schraubenfedern rundum. Als Betriebsbremse kam eine druckluftbetätigte hydraulische Zweikreisanlage mit Scheibenbremsen an allen vier Rädern zum Einsatz, die auf besonders hohe Belastungen ausgelegt war. Schon lange Ausstattungsstandard des Multitalents war die serienmäßige Servolenkung. Weiterhin zur Unimog-DNA gehörten natürlich auch die mit zwei unterschiedlichen Drehzahlen schaltbaren Zapfwellen für Front-, Heck- und Mittelabtrieb sowie eine Regelhydraulik.

Im Baugewerbe wurde am Unimog 425 – neben seinen Qualitäten als Geräteträger – insbesondere sein enormes Zugvermögen geschätzt. Mit einer erlaubten Anhängelast von fast 25 Tonnen war es fast zweieinhalbmal so hoch wie das eines Unimog 416.

Mit ihrer insgesamt wesentlich belastbareren Auslegung und den größeren Außenmaßen eigneten sich die Fahrzeuge der Schweren Baureihe auch in besonderer Weise für den Zweiwege-Betrieb Straße/Schiene – eine Einsatznische, in der der Unimog nach wie vor fast ein Monopol besaß.

Enorme Leistungsdaten

In neuen Dimensionen bewegten sich jedoch die Kenndaten des 425ers, wenn es um zulässige Gewichte und Anhängelasten ging. Brachte ein U 125 der Baureihe 416 ein Leergewicht von maximal etwa 3500 kg auf die Waage, waren es beim schweren U 120 5400 kg. Daraus resultierte beim Neuen eine zulässige Gesamtmasse von 9000 kg, 2000 kg mehr als beim U 125. Besonders beeindruckend fiel aber der Vergleich der maximalen Anhängelasten (gebremst) auf: Betrug diese beim U 125 etwa 10.000 kg, durfte der 425er mit bis zu 24.000 kg mehr als doppelt so hohe Zuglasten bewegen.

Gelungene Präsentation

Mit solchen Leistungsdaten spielte der erste Unimog der Schweren Baureihe in einer eigenen Liga und war auch den gewichtigsten Anbaugeräten und Zugaufgaben souverän gewachsen. Zugleich ordneten die Gaggenauer mit ihm die bisherige Baureihenhierarchie neu: Aus der alten, noch als „schwer" geltenden Gewichtsklasse der 406er und 416er wurde mit einem Mal eine „mittlere", während das neue Flaggschiff unbestritten die Spitzenposition einnahm. Das konnte anlässlich der Premiere des 425 auf der Frankfurter DLG-Ausstellung auch dem interessierten Publikum vermittelt werden, denn der Messeauftritt galt als voller Erfolg und ließ berechtigte Hoffnungen auf einen überzeugenden Marktstart des Neuen aufkeimen. Wie bei Mercedes-Benz fast schon üblich, lag dieser jedoch noch in weiter Ferne. Erst im August 1975 startete die Produktion in Gaggenau, und bis dahin veränderten sich gegenüber dem Prototyp noch manche Spezifikationen des ersten 425ers.

Unimog 425 – der neue Maßstab

Zunächst galt es nun für das Entwicklungsteam aus Gaggenau, den ersten Unimog der neuen Schweren Baureihe bis zum Fertigungsbeginn zur absoluten Serienreife zu bringen. Ein bedeutender Aspekt der abschließenden Entwicklungsarbeiten war unter anderem die Frage, wie die Motorisierung der neuen Modellfamilie perspektivisch gestaltet werden sollte. Die im Vorfeld der Markteinführung gebauten zehn Vorserienexemplare waren mit einem auf 120 PS/88 kW justierten OM 352 ausgestattet, was auch zur Modellbezeichnung U 120 geführt hatte. Nachdem die Kundenanforderungen aber unverändert in Richtung höhere Motorkraft wiesen und der 425 mit seinem 5,7-Liter-Sechszylinder hier keine neuen Bestmarken setzte, entschied man sich dafür, schon zum Marktstart der

neuen schweren Modelle erstmals auf eine turbogeladene Version des bewährten Dieselaggregats zurückzugreifen und damit neue Leistungshorizonte zu eröffnen.

Die neuen schweren Unimog waren in jeder Hinsicht überzeugend konzipiert. Mit ihren – notwendigerweise – hohen Verkaufspreisen waren sie besonders für anspruchsvolle Spezialanwendungen prädestiniert. Im Bild ein Fahrzeug mit Kabelpflug bei Verlegearbeiten.

Der Turbo kommt auf

Während das Funktionsprinzip der Turboaufladung bereits 1905 von Alfred Büchi, einem Ingenieur aus dem schweizerischen Winterthur, patentiert worden war, dauerte es doch bis 1938, dass der erste Lkw mit Turbodieselmotor von der in Arbon am schweizerischen Bodenseeufer ansässigen Firma Saurer vorgestellt wurde – ein Unternehmen, das schon zuvor mit innovativen Konstruktionen die Entwicklung des Dieselmotors entscheidend vorangebracht hatte. In Deutschland gelangte das erste turbogeladene Dieseltriebwerk 1951 im Hauber-Lkw MAN 750 TL 1 zum Einsatz. Seine Leistung war dank der Abgasturbine um über 30 % auf 175 PS/129 kW angestiegen. Daimler-Benz – im Interesse höchster Qualität stets sehr vorsichtig, wenn es um tiefgreifende technische Innovationen ging – nahm den Ball erst Mitte der 1960er-Jahre auf. Während ausländische Nutzfahrzeughersteller wie Scania, Volvo und DAF zu diesem Zeitpunkt schon viel Erfahrung mit turbogeladenen Dieselmotoren gesammelt hatten, wollte man in Stuttgart unbedingt sicherstellen, dass sich die Kunden in jeder Hinsicht auf die Zuverlässigkeit und Langlebigkeit solcher Triebwerke verlassen konnten.

Seit 1966 war die mit Turboaufladung versehene, deutlich leistungssteigerte Version des unverwüstlichen Diesel-Sechszylinders OM 352 als Sonderausstattung unter anderem für die mittelschweren Kurzhauber-Lkw von Mercedes-Benz lieferbar. Der Motor hieß nun OM 352 A.

Für die schwere Unimog-Baureihe war gegen einen satten Aufpreis auch ein sogenanntes „Agrar-Paket" bestellbar, das alle spezifisch nützlichen Ausstattungselemente umfasste. Nur große Landwirtschaftsbetriebe konnten sich diese Anschaffung leisten.

Bewährtes System

Am technischen Aufbau einer Turboaufladung änderte sich in dieser Zeit nichts Grundsätzliches. Sie bedient sich einer Abgasturbine, die durch die Bewegungsenergie der ausströmenden Abgase in Rotation versetzt wird und dadurch den auf der gleichen Achse einlassseitig untergebrachten Verdichter antreibt. Durch die Verdichtung der zur späteren Verbrennung zugeführten Umgebungsluft wird ein Ladedruck erzeugt. Dieser bewirkt einerseits einen höheren Luftdurchsatz und andererseits eine Reduzierung der Ansaugarbeit der Kolben. Das damit zur Verfügung stehende Mehr an Sauerstoff erlaubt es, auch mehr Dieselkraftstoff zu verbrennen, was in der gewünschten Leistungssteigerung resultiert.

Auch Mercedes traut sich

Nachdem man bei Daimler-Benz jahrelang aufmerksam das Treiben der Wettbewerber in puncto Turbomotor verfolgt und die unbestreitbaren Vorteile dieser Technologie zur Leistungssteigerung für die weitere Entwicklung von Dieselmotoren verinnerlicht hatte, erkor man in der ersten Hälfte der 1960er-Jahre tatsächlich den extrem robust konstruierten OM 352 als erstes Triebwerk, das für eine Turboaufladung in Frage kam – eben jenen unverwüstlichen Sechszylinder, der auch im neuen Unimog 425 als Standardmotorisierung eingesetzt wurde. Premiere feierte der Ladermotor, der nun die Bezeichnung OM 352 A („A" stand für „Aufladung") trug, ab 1966 als Ausstattungsoption in den mittelschweren Kurzhauber-Lkw von Mercedes-Benz, wo er statt der 126 PS/93 kW der Saugversion nun volle 150 PS/110 PS lieferte. Der Lader selbst war direkt am Luftansaugstutzen des Sechszylinders befestigt und durch eine separate Ölleitung an das Schmiersystem des Triebwerks angeschlossen. Statt einen Turbolader selbst zu konstruieren, griff man auf Zulieferteile von Unternehmen zurück, die sich hier dank ihres einschlägigen Know-how weltweit einen guten Namen gemacht hatten: Dazu gehörten die beiden deutschen Hersteller KKK und Eberspächer sowie die US-Firma Garrett.

Mächtige Kraftspritze

Nachdem man nun auch bei Mercedes-Benz die Turbotechnologie nach fast einem Jahrzehnt Praxiserfahrung fest im Griff hatte, beschloss man, dass der OM 352 A im neuen schweren Unimog von Beginn an standardmäßig eingesetzt werden sollte. Um die drehmoment- und damit zugkraftoptimierte Auslegung des Aggregats zu betonen, beschränkte man sich zunächst auf eine Höchstleistung von 125 PS/92 kW, die der zwangsbeatmete Sechszylinder natürlich locker aus dem Ärmel schüttelte. Es traf sich überdies bestens, dass zugleich neue Verkaufsbezeichnungen für die gesamte Unimog-Modellpalette eingeführt

Auch in Steinbrüchen konnten sich die schweren Unimog-Modelle mit ihrer Geländegängigkeit nützlich machen – hier werden mithilfe eines Aufbaubohrgeräts Sprenglöcher in den Stein getrieben.

Der U 1500 mit seinem 150 PS/115 kW starken turbogeladenen Antriebsaggregat profilierte sich vor allem als Zugmaschine, die eine bis zu 40 Tonnen schwere Anhängelast schleppen konnte. Aufgrund der Fahrzeugspezifikationen musste der Lenker aber den Lkw-Führerschein besitzen.

wurden – so musste der im Vorserienstatus noch U 120 genannte 425er zum Marktstart gar nicht erst zum U 125 umgetauft werden – was mit Blick auf den U 125 der Baureihe 416 wieder zu mehr Verwirrung beigetragen hätte. Stattdessen bekam der Neue von Beginn an die Verkaufsbezeichnung U 1300 zugeteilt, was nun nicht mehr exakt, sondern nur noch in etwa die PS-Leistung des eingebauten Antriebsaggregats widerspiegelte, aber durch die Hinzufügung einer „0“ als vierter Ziffer neue Differenzierungsmöglichkeiten zwischen leichten, mittleren und schweren Modellen bot.

Neuer Star im Programm

Dass das Thema Motorisierung tatsächlich eine zentrale Rolle bei der neuen Schweren Baureihe spielte, wurde wenige Wochen nach dem Marktstart des U 1300 deutlich. Gaggenau präsentierte bereits im September als neues Spitzenmodell der gesamten Modellpalette den U 1500. Außer dem veränderten Typenschild waren beide Modelle äußerlich nicht voneinander zu unterscheiden. Nicht einmal ein direkter Blick auf den Sechszylinder brachte Aufschluss, aber hier lag unzweifelhaft das Herz des Neuen: Die Motorenentwickler von Mercedes-Benz hatten dem OM 352 A noch mal eine besondere Fitnesskur angedeihen lassen. Zwar war es dank der Turboaufladung kein Problem, dem Triebwerk weitere PS zu entlocken – im Lkw war es zu diesem Zeitpunkt bereits mit 168 PS/124 kW unterwegs –, aber wie beim Unimog üblich, musste

Mit Palfinger-Ladekran und einem Erdbohrgerät an Bord ist dieser 425er im Auftrag eines Wasserwerks unterwegs. Kommunale Beschaffungsstellen gehörten zu den treuesten Bestellern des Gaggenauer Multitalents.

Ihre größeren Außenmaße und die leistungsstärkeren Motoren kamen den schweren Unimog-Modellen auch bei der Straßenreinigung zugute. Im Bild ein 425er, der mit einem Saugausleger unter anderem für die Säuberung von Straßenrändern zuständig ist.

die Leistungscharakteristik des Antriebsaggregats optimal auf die speziellen Einsatzprofile des Multitalents abgestimmt sein. Es gelang den Technikern, unter anderem mithilfe von Modifikationen an der Einspritzpumpe und einer von 17:1 auf 16:1 reduzierten Verdichtung, zum einen die Motorleistung auf 150 PS/110 kW zu steigern, zugleich aber die Nenndrehzahl gegenüber der Motorversion mit 125 PS/92 kW um 50/min auf 2550/min zu reduzieren. Beim verfügbaren Drehmomentmaximum setzte das Triebwerk erwartungsgemäß noch ein weiteres Ausrufezeichen: Bei der klassischen Unimog-Drehzahl von 1600/min stemmte der Turbo-Sechszylinder volle 461 Nm auf die Kurbelwelle – über 17 % mehr als die Motorversion im U 1300. Damit war das Flaggschiff aus Gaggenau nun wirklich auch für die anspruchsvollsten Arbeitseinsätze in Kommunen, Industriebetrieben, im Baugewerbe und – ja, auch das – im Landwirtschaftsbereich gewappnet. Auf Wunsch auch mit einem speziellen „Agrar-Paket" erhältlich, generierte der muskulöse U 1500 bei der alten Stammkundschaft tatsächlich wieder mehr Interesse – trotz der Konkurrenz im eigenen Haus durch den MB-trac und aller unverändert vorhandenen konzeptbedingten Schwächen des Unimog.

Selbstbewusste Preispolitik

In neue Dimensionen drangen aber nicht nur die Leistungsdaten der Baureihe 425 vor, sondern – nicht unerwartet – auch die Listenpreise, die für die neuen Fahrzeuge aufgerufen wurden. Lag der U 1300 zum Zeitpunkt seiner Markteinführung noch bei 78.000,- DM, so mussten Kaufinteressenten für den U 1500 sogar die Hemmschwelle einer sechsstelligen Summe überspringen: Für das Topmodell mit allen gesetzlich vorgeschriebenen Ausstattungsmerkmalen – von denen sich Daimler-Benz nicht wenige noch extra bezahlen ließ – waren rund 104.000,- DM zu investieren. Noch einmal tiefer in die Tasche greifen musste, wer das „Agrar-Paket" ordern wollte. Für einen Aufpreis von fast 40.000,- rüstete Gaggenau U 1300 und U 1500 mit einem mehr als dreißig Positionen umfassenden Spezial-Ausstattungspaket für solvente Unimog-Kunden aus der Landwirtschaft aus, in dem von Kleinigkeiten wie einer Beifahrer-Sonnenblende bis hin zur kompletten Hydraulikanlage, einem hoch belastbaren Dreipunktgestänge, der Anhänger-Bremsanlage, Zapfwellen und Sonderabtrieb, einer anderen Getriebeübersetzung und einem hydraulisch gedämpften Fahrersitz keine Wünsche offenblieben.

Überschaubare Absatzerfolge

Offen blieben dagegen, wie sich im ersten vollen Verkaufsjahr 1976 zeigen sollte, die Wünsche nach möglichst hohen Absatzzahlen der neuen Flaggschiffe im Unimog-Programm: Von den Modellen U 1300 und U 1500 konnten in diesem Zeitraum ganze 486 Exemplare an Kunden übergeben werden. Bei 301 Fahrzeugen davon handelte es sich um das schwächere Modell. Zwar war es nicht wirklich überraschend, dass die mit der höheren Spezifikation der 425er-Unimog erheblich gestiegenen Preise die potenziellen Käuferkreise verkleinerten, und wohl schränkte auch die Tatsache, dass beide Typen aufgrund ihres zulässigen Gesamtgewichts von 9 Tonnen für Zugaufgaben den Lkw-Führerschein der Klasse 2 benötigten, streichen letztlich die Zahl der Interessenten ein. Dennoch hatte man sich sowohl in Gaggenau wie auch in Stuttgart doch etwas mehr Kundenzuspruch erwartet. Um das Geschäft zu beleben, bot man ab November 1976 den U 1500 auch als Triebkopfversion U 1500 T (Baumuster 425.131) an. Die bärenstarke Top-Ausführung konnte beispielsweise Schräghubwagen mit einer Nutzlast von bis zu 8 Tonnen bewegen. Bedauerlich nur, dass die Boomzeit der Hubwagen gerade auslief und die Triebköpfe nur selten Käufer fanden und dann eher mit aufwendigen Spezialaufbauten, etwa für Feuerwehren oder im Kommu-

Vielfach wurden die 425er mit großem Aufwand speziell konfiguriert. Hier steht das leistungsstarke Modell in Zweiwegeausführung und mit einem Feuerwehraufbau als Rüstwagen Schiene (RW-S) in Diensten der Stuttgarter Berufsfeuerwehr.

Wichtigstes Erkennungsmerkmal der neuen schweren Unimog-Baureihe 435 war der zunächst auf 3250 mm verlängerte Radstand. Der zusätzliche Raum kam insbesondere größeren Aufbauten und schweren Zusatzgeräten wie dieser Erdbohrausrüstung zugute.

Die Fahrzeuge der neuen Top-Baureihe wurde unter besonderer Berücksichtigung ihrer extremen Geländegängigkeit auf dem Markt positioniert. Die Aufteilung in unterschiedlich zugeschnittene Entwicklungslinien war aber noch lange nicht vollzogen.

naleinsatz, ausgestattet wurden. Auf diese Weise summierten sich die durch die „T"-Versionen zusätzlich erzielten Verkäufe im ersten vollen Jahr, 1977, auf lediglich 25 Einheiten. Wie üblich, ließ man sich davon nicht beirren und hielt den U 1300 bis 1982 und U 1500 sowie U 1500 T sogar bis 1988 im Programm. Am Schluss standen dann doch insgesamt 3135 über die Jahre verkaufte Fahrzeuge der Baureihe 425 zu Buche – keine gute, aber auch keine wirklich schlechte Absatzbilanz.

Hinterließ also der 425er mit seiner eher traditionellen Positionierung als multifunktionale Arbeits- und Zugmaschine sowie als Triebkopf von Beginn an keine allzu großen Spuren in der Absatzstatistik von Mercedes-Benz, so hatte die Gaggenauer Unimog-Mannschaft doch im Hintergrund bereits einen anderen Plan für die Fahrzeuge der Schweren Baureihe im Sinn. Und dieser sollte sich wirklich als überaus umsatzträchtig erweisen.

Blick nach vorn: die neue Top-Baureihe 435

Bereits zwei Monate nach der Einführung der Unimog-Baureihe 425 wurde mit der Präsentation der Baureihe 435 allmählich klar, wohin der Weg des Unimog mittelfristig ging. Die Vertriebsstrategen hatten mit Sorge zur Kenntnis genommen, dass die Gesamtverkaufszahlen – und damit natürlich auch die Auslastung der Produktionsstätte – trotz aller Bemühungen um eine Ausweitung

Der lange Radstand, im Bild ein U 1300 L mit den ab 1980 spezifizierten 3700 mm, machte auch die von Wackenhut zugelieferte Doppelkabine zu einer vor allem im Baugewerbe nachgefragten Ausstattungsvariante.

Als „Lkw 2t gl Unimog“ machte der U 1300 L der Baureihe 435 große Karriere bei der Bundeswehr wie auch bei nicht wenigen ausländischen Streitkräften. Noch heute sind Tausende dieser Fahrzeuge im Einsatz.

der Angebotspalette und zielgerichteter Modernisierung stagniert und je nach Modell sogar abgenommen hatten. Mit der neuen Spitzenbaureihe, deren Produktion im Oktober 1975 begann, gedachte man, diesem Negativtrend ein Ende zu setzen.

Mehr Radstand

Technisch gesehen und auch optisch glichen sich 425er und 435er fast wie ein Ei dem anderen – zumindest auf den ersten Blick. Die neue eckige Kabine der schweren Modelle sowie die Grundauslegung von Tragstruktur und Fahrwerk mit dem bekannten gekröpften Leiterrahmen, den Schubrohr-geführten Portalachsen sowie Schraubenfedern vorn und hinten waren nahezu identisch. Auch was den Triebstrang anging, griff man mit dem OM 352 A und dem neuen 8-Gang-Getriebe auf die gleiche Basis zurück. Neu und von besonderer Bedeutung für die weitere Unimog-Historie war aber, dass das Gesamtkonzept der 435er-Fahrzeuge darauf ausgerichtet war, die hohe Geländegängigkeit zu betonen und optimale Möglichkeiten für Sonderaufbauten zu bieten. Wichtigste konstruktive Maßnahme war in diesem Zusammenhang eine Radstandverlängerung von den – eher knappen – 2810 mm, die die Modelle der Baureihe 425 aufwiesen, auf zunächst 3250 mm in der ersten 435er-Ausführung. Diese bekam dann auch die passende Verkaufsbezeichnung U 1300 L, wie „lang“, verpasst.

Ein Kraftpaket, das sich dank einer auf Wunsch lieferbaren „Agrar“-Ausstattung auch wieder in großen Agrarbetrieben nützlich machte, war der U 1700. Seinem 168 PS/124 kW starken Turbo-Sechszylinder war keine Aufgabe zu anspruchsvoll…

Einträgliche Strategie

Neben der Verlängerung des Achsabstandes um 440 mm war die konsequente Auslegung des neuen Fahrzeugs auf ein zulässiges Gesamtgewicht von 7,5 Tonnen – anderthalb Tonnen weniger als bei den Fahrzeugen der Baureihe 425 – ein wesentliches Merkmal der 435er. Dank ihrer perfekten Positionierung in der 3-Tonnen-Nutzlastklasse waren diese nicht nur als Lkw für Industrie-, Gewerbe- und Kommunaleinsätze ideal geeignet, sondern vor allem auch für die Beschaffungsstellen der deutschen wie vieler internationaler Streitkräfte ein überaus attraktives Angebot – eine Tatsache, die, wenig verwunderlich, eine zentrale Rolle in der von Mercedes-Benz verfolgten Modellstrategie gespielt haben dürfte. Schließlich war der gute alte Unimog S der Baureihe 404 schon seit 1955 in Produktion und harrte inzwischen dringend seiner Ablösung durch ein in jeder Hinsicht leistungsfähigeres und auf den aktuellen technischen Stand gebrachtes Fahrzeug. Besonders die Bundeswehr saß in den Startlöchern, um den neuen und entsprechend zuerst auf den Markt gebrachten U 1300 L gemäß ihrer internen Nomenklatur als „Lkw 2t gl Unimog" in großen Mengen für die Truppe anzuschaffen.

In der Tradition des S-Modells

Tatsächlich starteten bereits im Frühjahr 1976, als manche Baumuster des 404ers noch in Produktion waren, die Lieferungen des neuen Modells ans bundesdeutsche Militär. Die olivgrünen Fahrzeuge mit dem Baumuster 435.115 waren für vielfältigste Einsätze im militärischen Bereich geeignet und ähnlich wie die alten 404er besonders spezifiziert. So gab es neben den obligatorischen und der Betriebssicherheit auch unter extremen Verhältnissen geschuldeten Modifikationen, wie beispielsweise einer aufgerüsteten elektrischen Anlage, vor allem Veränderungen bezüglich der Transportkapazitäten. Dazu zählten unter anderem eine spezielle, verwindungsresistent aufgehängte Pritsche, dortige Unterbringungsmöglichkeiten für den Personentransport, Befestigungsmöglichkeiten für den Materialtransport, Möglichkeiten zur Verankerung unterschiedlicher Aufbauvarianten, ein besonderes Planenverdeck sowie die Einbauoption für eine runde Beobachtungsluke in der Fahrerkabine.

Besonders in der Landwirtschaft, wo die schweren Unimog auch komplexe Aufgabenstellungen erledigen konnten, zogen ab den 1980er-Jahren die ersten Vorboten der Elektronik ein: Hier das Armaturenbrett eines U 1700 mit dem Bordcomputer Unicomp 1.

Als „Lkw 2t gl Unimog" machte der U 1300 L der Baureihe 435 große Karriere bei der Bundeswehr wie auch bei nicht wenigen ausländischen Streitkräften. Noch heute sind Tausende dieser Fahrzeuge im Einsatz.

Die hohe Motorleistung sowie die große Transportkapazität eines U 1700 L machte ihn für zahlreiche Kommunen zu einem idealen Winterdienst-Fahrzeug. Das abgebildete Exemplar ist mit einem Schneeräumschild und einem Silostreugerät der Firma Schmidt ausgerüstet.

Weitere Leistungssprünge

Keine Unterschiede zwischen der Zivil- und der Militärversion des U 1300 L gab es bei der Motorisierung und der Kraftübertragung. Zum Einsatz kam nach wie vor der knapp 5,7 Liter Hubraum messende Sechszylinder-Diesel OM 352, der aber einer Leistungskur unterzogen wurde. Standardmotorisierung für die Zivil- und Militärmodelle war die Saugversion des Triebwerks, die jetzt mehr PS/kW zur Verfügung stellte als der turbogeladene OM 352 A im U 1300 der Baureihe 425: Das unverwüstliche Aggregat lieferte nun 130 PS/96 kW bei auf 2800/min erhöhter Nenndrehzahl – 5 PS/3,7 kW mehr als beim aufgeladenen Vergleichsmodell. Angesichts der extremen Ansprüche, die an Militär-Lkw gestellt wurden, bevorzugten es die meisten Beschaffungsstellen offensichtlich, im Sinne höchster Verlässlichkeit zunächst auf eine weitere Leistungssteigerung per Turboaufladung zu verzichten. Für primär im Zivilbereich eingesetzte Fahrzeuge war dagegen eine solche als Sonderausstattung zu haben: Sie bot ein auf satte 168 PS/124 kW erhöhtes Leistungsvolumen – die bisher höchste PS/kW-Ausbeute, die je für einen Unimog verfügbar gemacht worden war. Besonders eindrucksvoll war der mit der Aufladung verbundene Zuwachs an Durchzugskraft: Statt der 363 Nm der Saugversion stemmte der Turbodiesel einen Drehmomentbestwert von 520 Nm bei 1600/min auf die Kurbelwelle. Getriebeseitig waren die Zivil- und Militärausführungen identisch ausgestattet: Bei beiden übernahm das neue 8-Gang-Getriebe UG 3/40-8 die Kraftübertragung.

Neue Spitzenversion

Als reguläres Modell, das ausschließlich mit dem aufgeladenen OM 352 A und 168 PS/124 kW ausgestattet war, erweiterte der quasi zeitgleich mit dem neu eingeführten U 1300 L vorgestellte U 1700 L das Programm der Baureihe 435 nach oben. Mit einer zulässigen Gesamtmasse von 9 Tonnen und einer auf rund 5 Tonnen erhöhten Nutzlast war er insbesondere als leistungsstarkes, hochgeländegängiges Transportgerät für zivile Anwendungen positioniert, das ebenso wie sein leistungsschwächerer Bruder auch mit einer von Wackenhut aus dem Schwarzwald-Städtchen Nagold zugelieferten Doppelkabine ausgerüstet werden konnte. Dieses geräumige viertürige Fahrerhaus wies eine leicht erhöhte Dachlinie auf und konnte maximal bis zu sieben Personen beherbergen.

Die Bundeswehr kauft ein

Vor allem der U 1300 L avancierte aus naheliegenden Gründen zum Bestseller der Baureihe 435 und sicherte damit bis auf Weiteres den Erhalt sämtlicher Fertigungskapazitäten in Gaggenau. Unstrittig ist, dass bis zum Produktionsauslauf des Modells im Jahr 1990 insgesamt 21.775 Exemplare die Fertigungsstätte verließen – wie viele davon letztlich an die verschiedenen Militärverwaltungen abgesetzt wurden, ist nicht exakt nachvollziehbar Die Bundeswehr selbst spricht von allein rund 18.000 Fahrzeugen, die über die Jahre bei der Truppe in Dienst gestellt wurden. Während der U 1300 L also die Daimler-Benz-Kassen vernehmlich klingeln ließ, bewegten sich die Verkaufszahlen des U 1700 L im inzwischen üblich gewordenen engen Rahmen: Lediglich 808 Exemplare konnten zwischen Oktober 1975 und Dezember 1988 an zivile Kunden ausgeliefert werden.

Lang auch ohne „L“

Eine besondere Rolle im Programm der schweren Unimog-Baureihen spielte der ab Herbst 1979 angebotene U 1700. Obwohl diesem Modell die Zusatzbezeichnung „L“ fehlte, verfügte es ebenfalls über den auf 3250 mm verlängerten Radstand seiner Brüder. Im Unterschied zur „L“-Ausführung war der U 1700 jedoch als überlegen motorisierte Zug- und Arbeitsmaschine positioniert, die zwar auch im unwegsamen Gelände hervorragend einsetzbar war, sich vor allem aber dank ihrer hohen Nutzlast für den Kommunaleinsatz sowohl in großen Städten wie im ländlichen Umfeld empfahl. Besonders punktete das bärenstarke Modell im Winterdienst, wenn es galt, mit kräftezehrenden Schneepflügen und -fräsen an Bord Straßen und Wege frei zu halten. Die Unimog-Entwickler wollten aber auch mögliche Anwendungen in der Landwirtschaft nicht vernachlässigen, wo der U 1700 – wieder mit der Zusatzausstattung „Agrar“ ausrüstbar – auch große Ackerflächen mithilfe leistungsfähiger Zug- und Anbaugeräte enorm effizient bearbeiten konnte. Insgesamt neun Jahre lang wurde der U 1700 angeboten und verkaufte sich in dieser Zeit 1161-mal – gar nicht schlecht für ein derartig hoch spezifiziertes und kostspieliges Multifunktionsfahrzeug.

Übrigens: In puncto Straßenfahrleistungen durchbrachen alle Modelle der Baureihe 435, ob mit oder ohne Turboschub, erstmals in der Unimog-Welt die 100-km/h-Marke – eine neue Dimension für den Gaggenauer Klassiker.

Länge läuft

In der ersten Hälfte des Jahres 1980 ergänzte man die Top-Baureihe 435 durch zwei weitere Modelle, die sich eigentlich nur durch ihren jeweils noch einmal verlängerten Radstand von U 1300 L und U 1700 L unterschieden. Zuerst kam im März der U 1700 L/38 auf den Markt, der sich durch einen um 600 mm längeren, auf 3850 mm gewachsenen Achsabstand auszeichnete. Drei Monate später, im Juni, ergänzte der U 1300 L/37 das Angebot. Dessen Radstand hatte um 450 mm zugenommen und erreichte nun ein Maß von 3700 mm. Beide Fahrzeuge waren zur Aufnahme besonders großformatiger Pritschen oder Aufbauten und für den Einsatz in besonders anspruchsvollem Gelände gedacht. Notwendig damit verbunden war jeweils eine erhebliche Zunahme der Fahrzeuglänge, sodass hier der mit dem Unimog klassischerweise verbundene Begriff „kompakt“ nicht mehr angebracht war: Der U 1700 L/38 näherte sich mit seiner Länge von 6750 mm stark der 7-Meter-Marke, und auch der U 1300 L/36 war noch knapp über 6 Meter lang. In ihrer technischen Ausstattung waren die beiden Modelle mit ihren kürzeren Pendants weitestgehend identisch. Vor allem die leistungsstärkste, längste und teuerste Top-Version erwies sich in ihrer über neun Jahre währenden Marktpräsenz als erstaunlich absatzträchtig. Fast 6000 Einheiten des U 1700 L/38 konnten bis Ende 1989 an Kunden ausgeliefert werden.

Der U 1300 L wurde nicht nur zum Ausstattungsstandard der Bundeswehr, auch zahlreiche Feuerwehren schätzten die Möglichkeit, dank des langen Radstands größere Aufbauten aufsetzen und damit zur Brandbekämpfung auch in entlegenste Orte vordringen zu können.

Nicht serienbasiert, sondern vereinzelt und nur auf speziellen Kundenwunsch wurden auf technischer Grundlage der schweren 435er auch Triebköpfe angefertigt. Hier ein U 1700 L mit schwerem Ladekran von Palfinger im harten Baustelleneinsatz.

Veränderte Perspektiven

Zwar hatten die seitens Daimler-Benz bestens gepflegten Vertriebskanäle in Richtung Militär erst einmal für ein Ende der latenten Verkaufsprobleme und nicht zufriedenstellenden Rentabilität der Unimog-Sparte gesorgt, doch zeigte die Ausweitung des Modellangebots innerhalb der Schweren Baureihe, dass sich die Marktstrategie ab der zweiten Hälfte der 1970er-Jahre allmählich zu wandeln begann. Es zeichnete sich ab, dass sich die Epoche des sprichwörtlichen „Alleskönners" langsam, aber sicher ihrem Ende näherte. Das seit fast einem halben Jahrhundert verfolgte Konzept „einer für alles" schien für immer größere Kundenkreise an Strahlkraft zu verlieren. Die Notwendigkeit, unter dem Namen Unimog in Zukunft mehrere technisch verwandte, aber jeweils auf unterschiedliche Verwendungszwecke zugeschnittene Modellfamilien zu kreieren und damit dem allgemeinen Trend zur Spezialisierung stärker Rechnung zu tragen, hatte auch das Entwicklungsteam in Gaggenau immer klarer vor Augen. Doch bis sich diese strukturelle Veränderung letztlich im konkreten Fahrzeugangebot von Unimog widerspiegelte, sollten noch mehr als zehn Jahre vergehen.

Kapitel 2
Verbreiterung der Modellpalette: die Baureihe 424

Mit der Einführung der neuen, modernen Baureihen 425 und 435, die 1975 am oberen Ende des Unimog-Programms positioniert worden waren, stellte sich die Frage, wie Gaggenau die weitere Modellpolitik gestalten würde. Die maßstabsetzende kantige Kabine ließ zumindest die im mittleren Leistungssegment angesiedelten Baureihen 406 und 416 im wahrsten Sinne des Wortes alt aussehen. Allerdings verkauften sich die entsprechenden Modelle nach wie vor in sehr ansehnlichen Stückzahlen. So konnten die Vertriebsleute im Jahr 1976 bei der 416er-Baureihe – die ihre Jugendzeit auch schon länger hinter sich hatte – erfreut einen Verkaufsrekord für die Ewigkeit registrieren: Fast 4300 Exemplare konnten an ihre neuen Besitzer übergeben werden. Von diesen Größenordnungen waren die Fahrzeuge der neuen Schweren Baureihe, wenn man die Lieferungen von 435ern an die Bundeswehr und andere Streitkräfte einmal ausnimmt, weit entfernt: Hier war man in Gaggenau und Stuttgart einigermaßen zufrieden, wenn die jährlichen Absatzzahlen vierstellig ausfielen.

Die neue Standards setzende Kabine der jüngsten Unimog-Fahrzeuggeneration fand auch im U 1000 der Baureihe 424 Verwendung. Das Modell zielte mit geringeren Außenmaßen und unterhaltsgünstiger konfiguriertem Motor auf breitere Käuferkreise.

Begrenzte Zielgruppen

Dass sich die Verhältnisse so darstellten, hatte mehrere Gründe. Zum einen benötigten viele Unimog-Interessenten, nicht zuletzt solche aus dem Landwirtschaftsbereich, keine so großen und schweren Fahrzeuge für die Art von Arbeit, die zu erledigen war. Zum anderen konnte man sich, selbst wenn der Zuschnitt beispielsweise eines 425ers auf die anstehenden Einsatzprofile passte, die modernen Baureihen mit all ihren Vorteilen zumeist nicht leisten: Mitte der 1970er-Jahre konnte man einen immerhin auch bis zu 110 PS/81 kW starken U 100 bzw. U 1100 L der Baureihe 416 – beide ebenfalls vom OM 352 angetrieben – je nach Ausstattung für um die 40.000,- Mark erwerben. Für einen 125 PS/92 kW starken U 1300 der Baureihe 425 war zum gleichen Zeitpunkt jedoch mehr als das Doppelte dieser Summe auf den Tisch des Unimog-Händlers zu blättern. Da wurde die Luft für viele Interessenten, insbesondere solchen aus dem landwirtschaftlichen Umfeld, ziemlich dünn...

Absatzträchtige Variante

Aber nicht nur diese Kundenkreise blickten mit Stirnrunzeln in die Preislisten. Auch die Kommunen mit ihren begrenzten Beschaffungsbudgets mussten sehr genaue Kosten-/Nutzen-Analysen durchführen, um ihren tatsächlichen Bedarf in puncto Unimog möglichst zielgenau zu definieren. Vielfach endeten diese mit dem Resultat, dass man eines oder mehrere der modernen Modelle als universell nutzbare Arbeitsmaschinen schon gebrauchen konnte, aber sowohl deren schiere Größe, Gewicht und hohe Motorleistung, nicht zuletzt im Hinblick auf die Unterhaltskosten, des Guten zu viel waren. Man wünschte sich schlichtweg einen modernen Unimog in etwas kleinerem Format, mit entsprechend geringerem Gewicht und einem Antrieb im Leistungsbereich von etwa 100 PS/74 kW.

Er war Mitte der 1970er-Jahre der ungekrönte Stückzahlkönig unter den zivilen Unimog-Modellen: Um die 4000 Exemplare pro Jahr konnten zu jener Zeit von den verschiedenen Typen der Baureihe 416 verkauft werden.

In der Seitenansicht wird der deutlich verkürzte Radstand eines U 1000 besonders gut erkennbar. Auch die Länge des Aufbaus mit Pritsche war um fast einen halben Meter geringer als beim größeren Bruder U 1300 der Baureihe 425.

Die Verantwortlichen in Gaggenau und Stuttgart nahmen die Meinungen dieser potenziellen Kunden sehr wohl wahr und fühlten sich darin bestärkt, die Weiterentwicklung des Unimog-Programms im Sinne einer fortschreitenden Ausdifferenzierung voranzutreiben. Ein auch werblich idealer Aufhänger für dieses Vorhaben war der sich 1976 zum 25. Mal jährende Produktionsstart des Unimog bei Daimler-Benz. Das runde Fertigungsjubiläum in Gaggenau war im September ein idealer Anlass, um mit der Präsentation der neuen Baureihe 424 den Wünschen vieler potenzieller Kunden entgegenzukommen.

Modern und wieder kompakter

Wie die Baureihenbezeichnung schon nahelegte, gehörte das neue Modell, das zum Marktstart als U 1000 angeboten wurde, zur aktuellen Generation von Unimog-Fahrzeugen, war in der Baureihenhierarchie aber unterhalb von 425 und 435 einsortiert, obwohl es auch dem schweren Segment angehörte. Zwar erkannten Betrachter wegen der in ihrer Formgebung weitgehend identischen Fahrerkabine nicht auf Anhieb die reduzierten Dimensionen – insbesondere dann nicht, wenn ein 424er allein stand –, aber das Maßband ließ keine Zweifel daran aufkommen, dass der U 1000 tatsächlich deutlich kleiner war als etwa ein U 1300 der Baureihe 425. Da war einerseits dessen nur 2650 mm gegenüber 2810 mm betragender Radstand und die von 1840 mm auf 1660 mm verringerte Spurweite und andererseits die daraus resultierenden geringeren Außenmaße. So war der U 1000 mit 4447 mm um exakt 400 mm kürzer als ein U 1300, um 190 mm schmaler und um 40 mm niedriger. Auf der Waage spiegelte sich das kleinere Format in einem um 900 kg niedrigeren Gewicht wider. Insgesamt also ein in bester Unimog-Tradition wieder deutlich kompakteres Gesamtpaket, das manche Vorteile in der Handhabung mit sich brachte, ohne auf die Errungenschaften der neuen Fahrzeuggeneration verzichten zu müssen. Der – neben den veränderten Dimensionen – einzige äußere Hinweis auf die neue Baureihe fand sich an der Kabine: Wer genau hinschaute, erkannte am linken und rechten seitlichen Rand der Motorhaube je einen sich verjüngenden schmalen Blechsteg. Dieser hatte sich ergeben, weil die Motorhaube aus Gründen besserer Sicht etwas steiler nach vorne abfiel, die beiden Oberseiten der vorderen Kotflügel aber die gleiche Höhe wie am 425er und 435er aufwiesen.

Diese Röntgenzeichnung eines U 1000 zeigt, dass trotz der kompakteren Fahrzeugdimensionierung alle technischen Merkmale der schweren Unimog-Modelle neuer Generation vorhanden waren.

Typisches Erkennungszeichen des U 1000 der 424er-Baureihe waren die beiden seitlichen Höcker am Übergang zwischen Motorhaube und Vorderkotflügeln. Sie gingen auf die steiler nach vor abfallende Haube zurück, die eine bessere Sicht direkt vor das Fahrzeug bot.

Gezügeltes Antriebsaggregat

Um den Ansprüchen potenzieller Kundenkreise Rechnung zu tragen, wurde natürlich auch in puncto Antrieb abgerüstet – wenn auch nur wenig. Der bewährte Sechszylinder-Diesel OM 352 blieb erwartungsgemäß auch für den 424er erste Wahl. Alles andere als ein Griff in den vorhandenen Komponentenbaukasten hätte wegen erforderlicher Anpassungsmaßnahmen auch die Kosten hochgetrieben.

Das Aggregat wurde im U 1000 aber auf eine Höchstleistung von 95 PS/70 kW begrenzt, wozu selbstverständlich keine Turboaufladung erforderlich war. Die Nenndrehzahl lag bei den Unimog-typischen 2600/min, und das

Drehmomentmaximum von 298 Nm wurde bei 1800/min erreicht. Die Leistungsreduzierung wurde gemäß bekannter Praxis durch entsprechende Maßnahmen an der Dieseleinspritzung bewerkstelligt, sämtliche anderen Parameter des Motors, wie etwa das Verdichtungsverhältnis, blieben dagegen unangetastet. Dass die Drosselung des OM 352 den U 1000 der Baureihe 424 nicht gerade zu einem Schwächling machte, zeigte der Blick auf die nominellen Werte für die maximal zulässige Anhängelast (gebremst). Mit bis zu 24 Tonnen unterschied sie sich nicht von der des größeren und kräftigeren U 1300.

Trotz allem kostspielig

Dank solcher Spezifikationen – und natürlich der Beibehaltung aller anderen bekannten, bewährten und hochgeschätzten technischen Attribute des Unimog – wurde die Baureihe 424 zu einem besonders attraktiven Angebot für kommunale Anwender, wo insbesondere die Geräteträgereigenschaften gefragt waren. Aber nach wie vor

Zwar eignete sich der Zuschnitt des U 1000 und der nachfolgenden 424er-Modelle auch für eine Verwendung als Ackerschlepper, aber Analysen ergaben, dass bestenfalls 30 % der Käufer dieser Fahrzeuge aus dem Agrarbereich kamen.

Besonders für den Kommunaleinsatz, wie hier bei der Verladung von Baumschnitt im städtischen Park, waren die kleineren und weniger leistungsstarken 424er als Geräteträger häufig erste Wahl – trotz unverändert hoher Anschaffungskosten.

auch in der Landwirtschaft fand der U 1000 als variabel einsetzbarer Ackerschlepper mit Allradantrieb seine Käufer. Er kombinierte die Modernität und Kompetenz der neuen Unimog-Generation mit größerer Kompaktheit und niedrigeren Unterhaltskosten. An einem Bereich allerdings war die Verschlankung der neuen Baureihe mehr oder weniger spurlos vorübergegangen: Die von Mercedes-Benz bzw. Unimog aufgerufenen Netto-Verkaufspreise waren – wie vielleicht mancher Interessent gehofft haben mochte – keineswegs in der Mitte zwischen einem 416er und einem 425er, also im Spektrum zwischen 55.000 und 60.000,- DM angesiedelt, sondern orientierten sich, je nach Ausführung, eher an den über 80.000,- DM, die zum gleichen Zeitpunkt für einen U 1300 auszugeben waren.

Kommunen greifen gerne zu

Vor allem Besteller aus den Kommunen hielt das letztlich aber nicht von der Fahrzeugbeschaffung ab, und so mauserte sich der U 1000 von Beginn an zu einer festen Größe in den Fuhrparks zahlreicher Städte. Wie stets, gehörten zu seinen Einsatzschwerpunkten die Straßenreinigung und der Winterdienst. So gestaltete sich der Marktstart im ersten vollen Jahr, 1977, zwar nicht gerade als Absatzfeuerwerk, aber durchaus ansprechend: Fast 650 U 1000 konnten an ihre Käufer ausgeliefert werden. Bei der Bewertung dieser Zahl muss man bedenken, dass die ständige Ausweitung der Unimog-Typenpalette zwangsläufig zu einer Reduzierung der Verkaufszahlen für das einzelne Modell führte. Schließlich hatten sich die Käuferzielgruppen trotz aller Bemühungen der Vertriebsabteilungen nicht beliebig vermehrt... Besonderes Highlight des Jahres war aber der 200.000ste, seit 1951 in Gaggenau vom Band gelaufene Unimog. Bei dem am 11. Juli fertiggestellten Jubiläumsexemplar handelte es sich ebenfalls um einen U 1000.

Auch gewerblichen Kunden, beispielweise aus dem Tiefbau, war der U 1000 nicht selten zu teuer. Wenn Bedarf an einer Multifunktions-Arbeitsmaschine für anspruchsvolle Einsatzprofile bestand, entschied man sich häufig für das „volle Pfund" in Form der 425er-oder 435er-Modelle.

Auch als Triebkopf

Zunächst blieb der U 1000 das einzige Modell der Baureihe 424, und es vergingen drei Jahre, bis mit dem U 1000 T auch eine Triebkopfversion das Programm ergänzte. Obwohl die Epoche der Niederflurhubwagen allmählich ihrem Ende entgegenging, wollte man bei Unimog doch nicht auf ein solches Angebot verzichten, denn beispielsweise im Bereich der Straßenreinigung oder für manche andere Spezialanwendung bot ein Triebkopf – der im Übrigen kostengünstig herzustellen war – nach wie vor die optimale Grundlage für einen Sonderaufbau. Wie schon die Vorgängerausführungen profitierte der U 1000 T von einer gesteigerten Motorleistung. Die Entwickler gönnten dem Saugdiesel der Triebkopfversion 15 Mehr-PS/11 kW und wahrten dabei den Respektabstand zum 125 PS/92 kW starken U 1300 der Baureihe 425.

Den 424ern kam zugute, dass sie nicht nur schlanker gebaut waren, sondern trotz reduzierter Motorleistung jederzeit über genügend Power verfügten, um, wie im Bild zu sehen, mithilfe aufwendiger Anbaugeräte Pflegearbeiten auf kommunalen Grünflächen zu erledigen. →

Die 424er-Unimog waren konzeptionell vor allem mit Blick auf kommunale Abnehmer ausgelegt. Etwas kompakter und – zeitweise – leistungsreduziert waren sie wie geschaffen für typische Einsätze, etwa für Mäharbeiten des Straßenbegleitgrüns.

Auch in der Landwirtschaft gab es Zuspruch für die neue Unimog-Baureihe, doch die Boomzeiten in diesem einstigen Stammsegment waren unwiederbringlich vorüber. In den 1980er-Jahren war der Unimog hier nur noch ein Nischenfahrzeug.

Universeller Antrieb

Damit avancierte der OM 352 in der zweiten Hälfte der 1970er-Jahre vor allem im Unimog zu einer wahren Allzweckwaffe unter der Kurzhaube: Es gab ihn ohne Turboaufladung im U 84 der Baureihe 406 mit 84 PS/62 kW oder mit 110 PS/81 kW sowie im U 100 und U 110 bzw. im U 100 T und U 110 T (später als U 1100, U 1100 T bzw. U 1100 L bezeichnet) der Baureihe 416 mit 100 PS/74 kW und ebenfalls mit 110 PS/81 kW. Darüber hinaus arbeitete er mit 125 PS/92 kW im U 125 bzw. U 1100 L/29 derselben Baureihe, in der Militärausführung des U 1300 L der Baureihe 435, hier aber auf 130 PS/96 kW spezifiziert, sowie – wie soeben beschrieben – im U 1000 und im U 1000 T der Baureihe 424. In aufgeladener Ausführung wurde er als OM 352 A mit 125 PS/92 kW im U 1300, mit 150 PS/110 kW im U 1500 und im U 1500 T der Baureihe 425, mit 168 PS/124 kW im U 1700, im U 1700 L, im U 1700 L/38 sowie auf Wunsch im U 1300 L und im U 1300 L/37 der Baureihe 435 eingesetzt – ein Triebwerk von wahrlich universeller Verwendbarkeit.

Mit seinem längeren Radstand und der dadurch erhöhten Transportkapazität war der U 1250 besonders vielseitig verwendbar. Das abgebildete Modell ist mit einer Kurzpritsche versehen und trägt einen zentral positionierten Ladekran.

Die Fahrzeuge der Baureihe 424 gehörten, wie auch ihre schwereren Brüder 425 und 435, noch zu den traditionellen „Alleskönnern", die als hochgeländegängige Leicht-Lkw ebenso kompetent waren wie als Geräteträger.

Auf dem Weg zum Bestseller

Die Baureihe 424 entwickelte sich dank ihres stimmigen, kundenorientierten Konzepts und zielgerichteter Modellpflege zu einer der bestverkäuflichen Unimog-Modellfamilien ihrer Epoche. Dabei sollte, wie zu erwarten, der über die Jahre zum Dauerthema gewordene Bedarf an höherer Motorleistung auch nicht vor diesen Modellen haltmachen. Ob er aufgrund immer anspruchsvoller werdender Einsatzprofile auch tatsächlich real existierte, oder ob es nur dem Zug der Zeit nach immer mehr PS geschuldet war: Die Leistungsentwicklung ging, wenn ein neuer Typ auf den Markt kam, im Rahmen der Modellpflege immer nur in eine Richtung – nach oben.

Dabei war die Situation längst von einer gewissen Paradoxie geprägt: Die 424er-Baureihe verdankte ihr Dasein schließlich dem Wunsch vieler potenzieller Kunden aus dem Kommunal- und dem Agrarbereich nach einer in ihren Dimensionen etwas verkleinerten, aber vor allem auch etwas weniger leitungsstarken Variante der modernisierten Unimog-Baureihen 425/435. Doch kam 1979 mit der Triebkopfversion U 1000 T der erste Leistungssprung – was in diesem speziellen Segment aber bekannter Tradition bei Unimog entsprach: Der OM 352 erhielt nun, wie bereits erwähnt, eine Kraftspritze auf 110 PS/81 kW und behielt damit in der Leistungspyramide einen Abstand von 15 PS/11 kW zum U 1300 mit der aufgeladenen OM 352-Maschine. 1982 erschien in Ergänzung zum U 1000 der U 1200. Jetzt ebenfalls mit dem turbogeladenen OM 352 A und einer Spitzenleistung von 125 PS/92 kW ausgestattet, drang er in puncto Power scheinbar in die Gefilde der eigentlich übergeordneten Baureihe 425 vor. Aber nur scheinbar, denn ungefähr zum Zeitpunkt der Vorstellung des U 1200, der mit etwas geringeren Außenmaßen und niedrigerem Gewicht ein echter Kraftprotz war, lief im Sommer der größere U 1300 aus. Damit kam es unter Leistungsgesichtspunkten zu einer Verschiebung der Grenzen zwischen den Fahrzeugen der Baureihe 424 und 425. Letztere wurde nach 1982 nur noch vom bärenstarken U 1500 und seiner Triebkopfversion U 1500 T repräsentiert – beide mit dem auf 150 PS/110 kW justierten OM 352 A ausgestattet, und die Arbeits- und Zugmaschine nach wie vor mit dem relativ kurzen Radstand von 2810 mm versehen. Die Spitzenbaureihe 435, mit drei unterschiedlichen, aber in jedem Fall längeren

Radständen von deutlich über 3000 mm, bot die Motorisierungsalternativen 130 PS/96 kW oder 168 PS/124 kW.

Mehr Ladekapazität

Neben den großen Kraftreserven des Antriebsaggregats – die von seinem um etwa 300 kg höheren Fahrzeuggewicht kaum aufgezehrt wurden – glänzte der U 1200 vor allem durch seine vergrößerte Ladefläche. Ohne dass der Radstand verlängert werden musste – womit die Gaggenauer Entwickler wiederum den 425er-Modellen ins Gehege gekommen wären –, nahmen die Maße der serienmäßigen Pritsche beträchtlich zu: Deren um 400 mm gewachsene Länge sowie eine um 190 mm größere Breite ermöglichten eine bessere Ausnutzung der von 2350 kg auf volle 3,6 Tonnen erhöhten Nutzlastkapazität. Zwar sahen die Marketingstrategen speziell auch für den starken U 1200 immer noch erhebliche Absatzpotenziale in der Landwirtschaft, weshalb man auch für dieses Modell die kostspielige „Agrar"-Ausstattung vorhielt, doch unausweichlich bestätigte sich der Trend in Richtung weiter verstärkter Nutzung durch Kommunal- und andere Behörden.

Der hier im klassischen Winterdienst mit Schneeräumschild eingesetzte U 1200 verfügte zwar noch über den kurzen Radstand von 2650 mm, übernahm aber mit seinem auf 125 PS/92 kW justierten Motor leistungsmäßig die Rolle des bisherigen U 1300 der Baureihe 425.

Mit Doppelkabine und Ladekran ausgestattet, macht sich dieser U 1250 im Braunkohlentagebau nützlich. Diese Szene verdeutlicht, dass es Einsatzprofile gab, die nach wie vor nur von einem Unimog optimal bedient werden konnten.

Da sich Triebköpfe, die für Gaggenau ohne größeren Aufwand herzustellen waren, offenbar auch in kleinen Stückzahlen rechneten, ergänzte im Januar 1983 der U 1200 T das Angebot der Baureihe 424. Entgegen sonst üblicher Praxis verzichteten die Entwickler diesmal auf eine zusätzliche Leistungssteigerung, und es blieb bei der auf 125 PS/92 kW spezifizierten Leistung des OM 352 A. Immerhin ließen sich von dieser Variante während eines Produktionszyklus von insgesamt sechs Jahren gut 100 Exemplare verkaufen, die ebenfalls zumeist im Auftrag kommunaler Stellen unterwegs waren.

Interne Konkurrenz

In Fortführung der von den Unimog-Verantwortlichen eingeschlagenen Strategie, mithilfe des umfangreichen Komponenten-Baukastens möglichst alle Größen- und Leistungskategorien mit einem geeigneten Fahrzeugangebot zu bedienen, zündete die nächste Evolutionsstufe des 424er-Programms im Mai 1984. Der neue U 1250 verband den zierlicheren Aufbau und die technische Basis des U 1200 mit einem deutlich verlängerten Radstand. Da aber das neue Maß von 3250 mm – 600 mm mehr als beim U 1200 – exakt dem Radstand des U 1300 L der Baureihe 435 entsprach, ergaben sich wieder einmal ein paar Probleme gemäß dem bekannten Motto „Konkurrenz im eigenen Haus".

Und das gleich in mehrfacher Hinsicht, denn Verkaufsberater wie Kunden mussten erst einmal die entscheidenden Differenzierungsmerkmale zwischen U 1250 und U 1300 L herausarbeiten. Aufgrund identischer Motorisierung, gleichem Radstand und kaum variierenden Daten bei Fahrzeuggewicht und Nutzlast blieben hier nur die unterschiedlichen Außenmaße und die Größe der Pritschenfläche übrig. Während der U 1300 L gut 500 mm länger und 200 mm breiter ausfiel als der U 1250, konnten die Käufer des Letzteren neben der Standard-Pritschengröße nur noch eine kleinere wählen. Die normale Ladefläche war 2320 x 1950 x 380 mm (Länge x Breite x Höhe) groß und unterschied sich damit lediglich um wenige Millimeter von der serienmäßigen Ladefläche des U 1300 L. Für diesen waren jedoch noch mehrere andere Pritschenformate verfügbar, was seine Flexibilität erhöhte.

Geringer Zuspruch

Jenseits solcher messbaren Unterscheidungsmerkmale visierten die beiden direkt konkurrierenden Modelle aber unterschiedliche Zielgruppen an. War der kleinere 424er in klassischer Manier als multifunktionale Arbeitsmaschine deklariert, so stand beim 435er dessen Eigenschaft als hochgeländegängiger Leicht-Lkw für unterschiedlichste Aufbauvarianten im Mittelpunkt – aus gutem Grund, wie die hohen, weltweit an Militär-Beschaffungsstellen verkauften Stückzahlen bewiesen… Letztlich sorgte die gewisse Austauschbarkeit des U 1250 dafür, dass auch er zur

Ab 1985 wurde der U 1250 L angeboten. Zwar war er werkseitig als hochgeländegängiger Leicht-Lkw eingestuft, aber auch in Zweiwege-Ausführung und mit Aufbaugeräten an Bord stellte er immer wieder seine Fähigkeiten als Multifunktionsfahrzeug unter Beweis.

wachsenden Zahl von Nischenmodellen im Unimog-Programm zählte, die sich nur in Kleinstückzahlen absetzen ließen. In gut viereinhalb Jahren seiner Marktpräsenz konnten gerade einmal 126 Exemplare des U 1250 ausgeliefert werden.

Volle Kraft voraus

Der U 1250 war aber für die Baureihe 424 noch nicht das Ende der Fahnenstange – ganz im Gegenteil. Mit einem beherzten Griff ins Teilearsenal des OM 352 A legte Gaggenau 1986 noch einmal nach und präsentierte den U 1550. Basierend auf dem Konzept des kompakteren 424er entsprach das neue Spitzenmodell der Baureihe in seiner Ausführung weitestgehend dem U 1250, wurde aber von der 150 PS/110 kW starken Version des OM 352 A angetrieben, wie sie auch im U 1500 der Baureihe 425 zum Einsatz kam. Letzterer war aber nur mit dem kurzen Radstand von 2810 mm zu bekommen, während der U 1550, wie sein leistungsschwächerer Bruder U 1250, ein Radstandmaß von 3250 mm aufwies, was ihn für besonders anspruchsvolle Aufgaben prädestinierte. Wer als Unimog-Interessent nun ein 150 PS/110 kW leistendes Antriebsaggregat und einen Radstand von über 3000 mm haben wollte, musste sich also mit den etwas kleineren Außenmaßen eines 424ers arrangieren können. Eine noch höhere Motorleistung boten nur die insgesamt voluminöseren und schwereren 435er-Unimog, die teils auf Wunsch, teils serienmäßig, mit dem 168 PS/124 kW leistenden Antriebsaggregat verfügbar waren.

Die Gaggenauer Entwickler reagierten mit einer lärmreduzierten Ausführung für den Unimog, die vor allem für die im Kommunalbereich eingesetzten Fahrzeuge der Baureihe 424 gedacht war. Ein Erkennungsmerkmal war unter anderem der teilgekapselte Kühlergrill.

Lkw-Spezifikation

Die große Stärke des U 1550 war, dass er trotz überschaubarer Fahrzeuggröße eine enorme Tragfähigkeit zur Verfügung stellte. Statt mit einer zulässigen Gesamtmasse von 7,5 Tonnen, wie der U 1250, war das Spitzenmodell für ein Maximalgewicht von 10,5 Tonnen zugelassen. Damit konnte es zwar nur mit einer Lkw-Fahrerlaubnis der Klasse 2 bewegt werden, überzeugte aber dank des langen Radstands und der geräumigen Pritsche mit erstklassiger Transportkapazität und konnte gegebenenfalls mit gewichtigen Aufbauten oder Anbaugeräten ausgestattet werden. Bereits im Jahr zuvor, 1985, hatte der ansonsten mit dem U 1250 technisch identische U 1250 L das Programm der Baureihe 424 ergänzt. Dieser war, ähnlich dem U 1300

Besonders effizient schallgedämpft war naturgemäß auch die Abgasanlage der lärmreduzierten Ausführung. Bei dem abgebildeten U 1250 fallen der großvolumige Hauptschalldämpfer und der zusätzliche Auspufftopf kurz vor dem Endrohr auf.

L, als hochgeländegängiger Leicht-Lkw positioniert und mit von 2320 auf 2800 mm verlängerter Pritsche versehen. Ihm folgte nun – parallel zum U 1550 – der entsprechend ausgelegte U 1550 L.

Unimog im Flüstermodus

Dass die Gaggenauer Entwickler in besonderem Maß den Kommunalbereich als verkaufsträchtigen Absatzmarkt im Auge hatten, zeigte im Jahr darauf die Hannover Messe. Noch bevor europaweit strikte Abgasnormen auch für Nutzfahrzeuge definiert und eingeführt wurden, präsentierte man eine neuartige geräuschreduzierte Version des Unimog. Dies war eine Reaktion auf die in besonders geschützten innerörtlichen Arealen herrschenden Lärmschutzvorschriften, die – nicht nur für den Unimog – den Betrieb von Kommunalfahrzeugen mit ihren stets laut nagelnden Dieselmotoren stark einschränkte. Umfangreiche Maßnahmen zur Geräuschdämmung am kompletten Triebstrang sowie eine besonders schallgedämpfte Abgasanlage reduzierten die Lärmemissionen des Unimog so weit, dass er beispielsweise nun auch in Kurgebieten für elementare kommunale Aufgaben wie Grünflächenpflege oder Winterdienst eingesetzt werden konnte – ein weiteres, nicht zu unterschätzendes Plus für das Multitalent.

Stattliche Absatzzahlen

Über alles betrachtet erwies sich die marktstrategische Entscheidung für die Einführung der Baureihe 424 als absolut richtig. Vor allem der leistungsreduzierte U 1000 wurde zu einem Bestseller, von dem während seines 13-jährigen Produktionszyklus weit über 6500 Einheiten gefertigt wurden. Stellt man die deutlich kürzeren Zeiträume in Rechnung, in denen diese Modelle angeboten wurden, kamen auch der U 1200 und der U 1550 auf ansehnliche Verkaufsstückzahlen. Vom Ersteren wurden von 1982 bis 1988 fast 3500 Exemplare ausgeliefert, und vom besonders leistungsstarken U 1550, der nur von 1986 bis 1989 im Programm war, immerhin auch gut 800 Fahrzeuge. Weit geringeren Kundenzuspruch fanden dagegen die „L“-Modelle mit langem Radstand, von denen zum Teil nur zweistellige Stückzahlen abgesetzt werden konnten.

Kapitel 3
Mehr als bloße Modellpflege: die Baureihe 427

Die Jahrtausendwende näherte sich, und der Modernisierungsdruck erhöhte sich auch für den Unimog. Veränderte Marktbedingungen und verschärfte Regelungen in puncto Abgas- und Lärmemissionen machten die Einführung einer neuen Fahrzeuggeneration der Schweren Baureihe unumgänglich. Mit den in wesentlichen Teilen aktualisierten kleinen und mittleren Baureihen 407 und 417 unternahmen die Unimog-Entwickler im März 1988 wichtige Schritte, um auch in diesen Marktsegmenten neue, dringend benötigte Verkaufsimpulse zu setzen. Bereits wenige Wochen zuvor, im Januar, hatte man jedoch die neue schwere Baureihe 427 eingeführt und damit eine Modernisierungsoffensive eingeleitet, wie man sie in der Unimog-Welt noch nicht erlebt hatte.

Der U 1000 war das Basismodell der neuen Baureihe 427 und als einziges mit der Saugversion des neuen Diesel-Sechszylinders OM 366 ausgestattet. Der vorne installierte Böschungsmäher war eines der meistverwendeten Anbaugeräte im Kommunaleinsatz.

Das am besten verkäufliche Modell der neuen 427er war der U 1200. Es fand auch in Gewerbebetrieben und, wie hier, in der Elektrizitätswirtschaft zahlreiche Abnehmer. Im Bild ein Fahrzeug mit Grabenfräse und Verfüllschnecke für die Kabel- und Rohrleitungsverlegung.

Punktuelle Weiterentwicklung

Die neuen 427er präsentierten sich in erster Linie technisch auf den Stand der Zeit gebracht. Sie sollten die seit 1975 bzw. 1976 erfolgreich angebotenen Baureihen 425 und 424 ablösen, die vor allem durch ihre hohe Leistungsfähigkeit und das Maßstäbe setzende Fahrerhaus die künftige Positionierung des Unimog weiterentwickelt hatten. Tatsächlich waren die aktuellen schweren Modelle vom U 1000 bis zum U 1700 L/38 teilweise schon seit rund 13 Jahren auf dem Markt. Zwar konnte man die bisherigen Modelle technisch und vor allem hinsichtlich ihrer Kabine keineswegs als veraltet bezeichnen, doch gab es inzwischen durch allmählich schärfer werdende Umweltschutzvorschriften, die von der damaligen EG in Kraft gesetzt worden waren, und das allgemeine Bestreben nach einer Reduzierung der Kraftstoffverbräuche einen merklich erhöhten Modernisierungsbedarf, auf den man in Stuttgart, aber natürlich auch in Gaggenau reagieren musste.

Selbst mit dem kurzen Radstand von 2650 mm bot die Ladeplattform eines U 1200 Platz für einen Aufbaubagger mit geschlossener Kabine, in diesem Fall einem Schaeff AT16, der hier für das Ausbaggern eines Drainagegrabens genutzt wird.

Neue Kraftquelle

So stand im Mittelpunkt der Technikevolution zunächst einmal das Antriebsaggregat. In den bisherigen Baureihen 425 und 424 hatte der irgendwie allgegenwärtige Sechszylinder-Diesel OM 352 als Saugmotor und später auch in turbogeladener Form als OM 352 A dank seines üppigen Hubraums von 5,7 Litern jederzeit souveräne und verlässliche Arbeit geleistet. Dass der bullige Selbstzünder, der einst die Epoche der Direkteinspritzer im Dieselmotorenbau bei Daimler-Benz eingeläutet hatte, seit 1964 im Unimog Dienst tat, und damit fast 25 Jahre auf dem Buckel hatte, machte eine umfassende Überarbeitung und teilweise Neukonstruktion inzwischen unerlässlich. Das nun in der neuen Baureihe 427 zum Einsatz kommende Aggregat, das die Bezeichnung OM 366 erhalten hatte, entstand im Wesentlichen auf Basis des Vorgängertriebwerks, zeigte sich aber in vielen Bereichen auf den neuesten Stand gebracht.

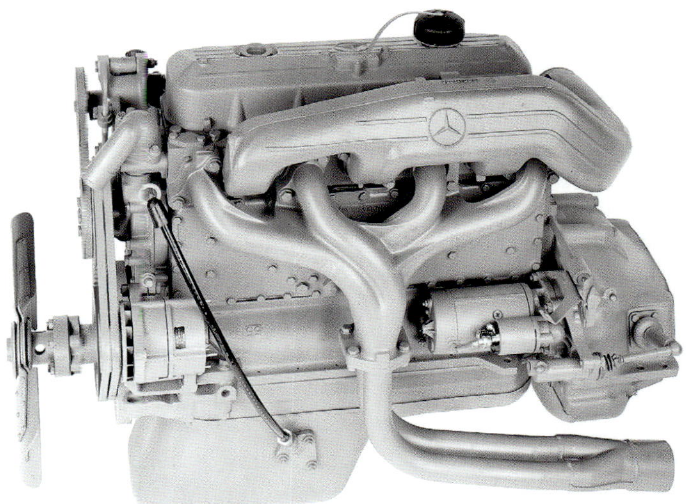

Der neue OM 366, hier in der Ausführung als Saugmotor, wie sie nur im U 1000 zum Einsatz kam, baute auf der Grundarchitektur des hunderttausendfach bewährten OM 352 auf, war aber deutlich langhubiger und damit noch zugkräftiger ausgelegt.

Der U 1600 war seit der Einführung der 427er Anfang 1988 der Kraftprotz der Baureihe. Der hier eingebaute turboaufgeladene OM 366 A stemmte satte 156 PS/115 kW auf die Kurbelwelle.

Mehr Leistung, weniger Lärm

Als Grundlage diente zunächst einmal eine leichte Hubraumerhöhung auf 5958 cm³, also nahezu 6,0 Liter. Zu diesem Zweck wurden sowohl das Bohrungsmaß von 97 auf 97,5 mm vergrößert, vor allem aber durch eine neue Kurbelwelle der Hub von 128 auf 133 mm verlängert. Neben der durch diese Vergrößerung des Hubvolumens angestrebten, weiter verbesserten Durchzugskraft sollte das betont lange Hubmaß vor allem für ein generell noch niedrigeres Drehzahlniveau mit entsprechend reduziertem Verbrauch und daraus resultierenden geringeren Abgas- und Geräuschemissionen sorgen. Die Kommunen als nicht zuletzt in der schweren Klasse immer wichtiger werdende Unimog-Kunden drangen schon länger auf Fahrzeuge, die während ihrer Einsätze im innerstädtischen Bereich oder in Erholungszonen, wie zum Beispiel Grünflächen, erheblich leiser arbeiteten als bisher. Mit den neuen Zylindermaßen gelang es nun, die Nenndrehzahl des großvolumigen Aggregats, die bei der 110 PS/81 kW-Version des OM 352, wie sie etwa in den U 1150 der Baureihe 417 eingebaut wurde, noch 2800/min betragen hatte, auf wesentlich einsatzgerechtere und wirtschaftlichere 2400/min abzusenken. Die Entwickler zementierten geradezu diese Nenndrehzahl für den im 427er eingebauten OM 366, denn sie wurde für fast alle Leistungsstufen des Triebwerks, die im Lauf der Produktionszeit für diese Baureihe verfügbar wurden, beibehalten. Und erwartungsgemäß setzte der neue Motor natürlich auch in Sachen Drehmomentmaximum überragende Bestmarken – doch dazu später.

Konstruktive Feinarbeit

Um eine solche Leistungscharakteristik zu erzielen, hatten sich die Entwickler vor allem der Einlassseite des Sechszylinders zugewandt und sich etwas einfallen lassen. Es gab ein komplett neukonstruiertes Ansaugsystem, bei dem ein sogenanntes „Nachladesaugrohr" für einen leichten, durch die Nutzung interner Schwingungseffekte erzielbaren, leistungsfördernden Aufladeeffekt sorgte. Hierbei handelte es sich um eine Version des bei der Pkw-Motorenentwicklung im Hause Daimler-Benz seit längerem bekannten sogenannten „Stufensaugrohrs", aus dem in weiterer Folge das moderne „Schaltsaugrohr" wurde. Auch in puncto Optimierung des Verbrennungsvorgangs tat sich am OM 366 einiges. In Verbindung mit einem auf 17,25:1 erhöhten Verdichtungsverhältnis und einer verbesserten Bosch-Pumpe wurde die Direkteinspritzung auf die gewünschte Leistungscharakteristik und die für eine möglichst breite Marktabdeckung erforderlichen Leistungsstufen ausgelegt.

Mit dem abgebildeten U 1400 T und seinem etwas schwächeren Bruder U 1200 T ergänzten auch zwei Triebkopfversionen das Angebot der Baureihe 427. Eine klassische Verwendung war der Hubwagenaufbau, zum Beispiel dieser vom Traditionsanbieter Ruthmann.

Neue Verkaufsstrategie

Statt, wie bisher, mit einem oder zwei unterschiedlich starken Typen einer Baureihe auf den Markt zu kommen, um dann schrittweise neue, üblicherweise leistungsgesteigerte Versionen nachzuschieben, präsentierten sich die 427er von Beginn an in einer breiten Modellpalette – ein im Unimog-Bereich bisher unbekannter Vorgang. Nicht weniger als 11 Typen, darunter zwei Triebkopfversionen, waren von Januar 1988 an erhältlich. Diese waren mit insgesamt vier Leistungsstufen des OM 366 kombiniert. Den Einstieg in die neue schwere Baureihe bot der U 1000. Er war als einziger Typ mit einer Saugversion des 6,0-Liter-Triebwerks ausgestattet, die mit 102 PS/75 kW nicht wirklich muskulös motorisiert war, aber so etwas wie das „ewige Leben" in sich trug. In der Vorgängerbaureihe 424 hatte es bekanntlich ebenfalls einen U 1000 gegeben, der mit seinem nur 95 PS/70 kW leistenden Saugmotor noch ein Jahr lang parallel zum neuen 427er angeboten und in Kleinststückzahlen – 29 Fahrzeuge – verkauft wurde. Die seit vielen Jahren hie und da nicht immer nachvollziehbare Modellpolitik gehörte, obwohl es hier seit einiger Zeit erkennbare Fortschritte gegeben hatte, offenbar noch immer nicht endgültig der Vergangenheit an.

Der muskulöse OM 366 A machte auch den Einsatz einer leistungszehrenden Schneefräse in Kombination mit einem auf der Ladefläche untergebrachten Feuchtsalzsilostreugerät für einen U 1600 zu einer Kleinigkeit.

Lückenloses Angebot

Über dem U 1000 rangierte in der Modellhierarchie der U 1200. Unter dessen Motorhaube war der turbogeladene OM 366 A tätig, der auch alle anderen Modelle, die zum Marktstart erhältlich waren, antrieb. Im U 1200 war er auf 125 PS/92 kW justiert und zeigte sich deutlicher lebhafter als im Grundmodell. Noch besser konnte es der U 1400, der es auf 136 PS/100 kW brachte und die gehobene Fassung der mittleren Leistungsstufe markierte. Die Topklasse stellte vorerst der U 1600 dar, dessen Aggregat mit immerhin 156 PS/115 kW einen neuen Spitzenwert im nicht gerade auf die Erreichung von Höchstleitungen fixierten Unimog-Bereich zeigte. Alle genannten Modelle warteten mit dem klassischen Radstandmaß von 2650 mm auf, über das bereits die 424er-Modelle verfügt hatten. Parallel zu diesen wurde das Angebot natürlich auch wieder durch längere Versionen bereichert, die, wie immer, an der Ziffer „50" in der Verkaufsbezeichnung erkennbar waren. U 1250, U 1450 und U 1650 wiesen einen Achsabstand von 3250 mm auf, ebenfalls ein von den 424ern bekanntes Maß. Weiterhin waren diese drei letztgenannten Modelle von Beginn an auch in der bekannten „L"-Ausführung zu bekommen, also mit langem Radstand und noch etwas verlängertem Aufbau als hochgeländegängiges Fahrzeug und nicht als Arbeitsmaschine spezifiziert. Das ohnehin breite und diesmal perfekt strukturierte Angebot der Baureihe 427 wurde durch die beiden Triebkopfversionen U 1200 T und U 1400 T abgerundet, deren Motoren keinen Leistungszuschlag erhielten, sondern ebenfalls 125 PS/92 kW bzw. 136 PS/100 kW stark waren.

Kraftübertragung mit Reserven

Selbst wenn man die Fahrzeuge der neuen schweren Baureihe sehr genau betrachtete, waren sie nicht von ihren Vorgängern zu unterscheiden. Alle einschneidenden Verbesserungen und Aktualisierungen hatten sich jenseits der äußeren Sichtbarkeit vollzogen. Das geräumige, ergonomisch optimierte Fahrerhaus war auch nach fast 15 Dienstjahren noch vorbildlich gestaltet, und auch die Gesamterscheinung der 427er-Modelle war wegen der gegenüber den 424ern gleichgebliebenen Radstände und dadurch identischer Proportionen unverändert. Die eigentlichen Außenmaße der Fahrzeuge beider Baureihen unterschieden sich nur im Zentimeterbereich voneinander. Wesentliche Neuerung war, neben der Motorenausstattung, das weiterentwickelte 8-Gang-Getriebe, das nun die Bezeichnung UG 3/65-8 trug. Es war wie seinen Vorgänger der UG 3-Familie in allen acht Gängen auch rückwärts fahrbar und vor allem auf die wesentlich höheren Belastungen durch den 6,0-Liter-Motor ausgelegt. Möglich war nun die Übertragung von Drehmomenten bis zu 650 Nm – was von Beginn an auf weitere, noch stärkere Versionen des OM 366 A schließen ließ.

Die Bärenkräfte eines U 1600 demonstrierte dieses Zweiwegefahrzeug bei einem Zugkraftwettbewerb mit einer Tender-Dampflokomotive auf der Frankfurter IAA 1994. Tatsächlich erwies sich der Unimog als überlegen…

Durchaus beängstigend scheint diese Flussdurchquerung eines U 1650 L der Baureihe 427. Trotz der enormen möglichen Wattiefe von fast einem Meter scheinen hier die technischen Grenzen überschritten zu werden...

Immer wieder beeindruckend war die Steigfähigkeit des Unimog, die vor allem bei den als hochgeländegängig vermarkteten „L"-Modellen, wie diesem U 1450 L, von Bedeutung war. In dieser Demonstration bewältigt er eine 100-%-Steigung – ein Winkel von 45°!

Unentbehrliches Kommunalfahrzeug

Wie schon die Fahrzeuge der schweren Baureihen 425, 435 und 424, richteten sich die neuen 427er in erster Linie an die beständig wachsenden kommunalen Märkte, aber auch an Abnehmer aus Industrie und Gewerbe. Die Landwirtschaft spielte hier ebenfalls nur noch eine untergeordnete Rolle, obwohl sie in den Überlegungen der Gaggenauer Entwickler – sei es aus verkaufstechnischer Sicht oder aus purer Nostalgie – immer noch eine gewisse Relevanz hatten. Die Qualitäten des Unimog als Multifunktionsgerät kamen unterdessen bei den umfangreicher und komplexer werdenden Unterhaltungs- und Dienstleistungsaufgaben im Kommunalbereich immer besser zur Geltung. Es war dennoch eine kluge Strategie der Produktplaner und Marketingspezialisten, die neuen Fahrzeuge in speziell für die verschiedenen Einsatzbereiche zugeschnittenen Grundausführungen bereitzuhalten. Deren Ausstattungen waren auf eine primäre Verwendung als Zugmaschine, auf den Kommunaleinsatz, auf den Agrarbereich und auf die Verwendung als Basisfahrzeug für Spezialaufbauten ausgerichtet.

Für klassische Arbeitseinsätze im Kommunalbereich, wie den Winterdienst – hier eine Seitenschneeschleuder mit Pflugzuführung – machten die Unimog-Entwickler eine Reihe innovativer Sonderausstattungen für die 427er-Modelle verfügbar.

Gut aufgestellt

Alles in allem wurde die Einführung der zahlreichen 427er-Modelle zu einem beachtlichen Erfolg – insbesondere, wenn man die stattlichen Preise, die bei etwa 90.000,- DM für das schwächste Modell U 1000 begannen, in Betracht zieht. Allein in den ersten beiden Jahren konnten rund 2200 Exemplare an Kunden ausgeliefert werden, wobei die Typen U 1000, U 1200, U 1400 und U 1600 die besten Ergebnisse erzielten. Als zunächst bestverkäuflich erwies sich der U 1200, der einen besonders vorteilhaften Kompromiss aus Leistungsfähigkeit, Unterhaltskosten und Preis bot.

Die Baureihe 427 als Innovationsträger

Die Qualitäten der neuen schweren Unimog-Baureihe 427 erschöpften sich aber längst nicht in der Einführung neuer Antriebsaggregate oder Kraftübertragungen, auch wenn oberflächliche Betrachter dies angesichts der gegenüber den Vorgängermodellen quasi unveränderten äußeren Optik gelegentlich äußerten. In mancherlei Hinsicht spiegelten die Neuen den Einzug der sich immer

Erstmals konnte mit den Fahrzeugen der Baureihe 427 ein Unimog gegen Aufpreis mit einem hydrostatischen Fahrantrieb versehen werden. Der ermöglichte langsamste, fein dosierbare Fahrgeschwindigkeiten, wie sie beispielsweise bei der Straßenreinigung nützlich waren.

schneller entwickelnden modernen Fahrzeugtechnik wider, und auch das Thema Emissionsreduzierung, das schon seit den 1980ern stetig an Fahrt aufgenommen hatte, wurde für den Klassiker nun relevant. Wollte man in Gaggenau auch in Zukunft die für den Unimog erschlossenen Märkte – darunter vor allem die kommunalen – nicht nur behalten, sondern sogar noch ausbauen, musste man innovative Entwicklungen, sofern sie für die gedachten Einsatzzwecke nützlich waren, in das Technikkonzept des Multitalents integrieren.

Hydrostat als Sonderausstattung

Darüber hinaus machten insbesondere nützliche Ausstattungsoptionen die Fahrzeuge, vorrangig für Kundenkreise aus den Kommunen, immer attraktiver. Ein gutes Beispiel war hier etwa die für 427er-Modelle erstmals lieferbare Ausstattung mit einem zusätzlichen hydrostatischen Fahrantrieb, der sich unter anderem für Winterdiensteinsätze als überaus praktisch erwies und dem Unimog als multifunktionales Arbeitsgerät noch einmal eine Sonderstellung verlieh. Ursprünglich waren

Obwohl der Fahr-Hydrostat vor allem mit Blick auf die effiziente Erledigung kommunaler Aufgaben entwickelt worden war, konnte ein entsprechend ausgerüsteter Unimog 427 damit auch in der Landwirtschaft punkten – in der Traktorenwelt kamen Hydrostate damals noch nicht vor.

Die ebenfalls auf Wunsch und gegen satten Aufpreis für den 427er werkseitig lieferbare Vierradlenkung machte aus dem ebenso großen wie schwergewichtigen Multitalent ein extrem handliches und bewegliches Fahrzeug.

hydrostatische Antriebe entwickelt worden, um die mechanische Leistung einer Antriebsmaschine, beispielsweise eines Dieselmotors, mithilfe einer Pumpe in hydraulische Leistung umzuwandeln. Diese Leistung wird in Hydraulikzylindern wieder in mechanische Leistung umgeformt, etwa in eine lineare Bewegung – also die klassische Fortbewegung. Ziel dieser auf den ersten Blick umständlichen Umwandlungsprozesse ist es, eine stufenlose Kraftabgabe zu erreichen.

Feinfühlige Regulierbarkeit

Eine solche ist mit normalen Antriebssträngen, bestehend aus Verbrennungsmotor und einer herkömmlichen mechanischen oder automatisierten Kraftübertragung unter bestimmten Belastungsprofilen nicht zu erreichen. Hydrostatische Antriebe ermöglichen es zudem, die Kraftabgabe vom jeweiligen Bediener extrem feinfühlig dosieren zu lassen. Darüber hinaus stellen sie unter speziellen Anwendungsbedingungen die energetisch effizienteste Getriebeart dar. Ein typisches Beispiel sind, neben vielen Baumaschinen, etwa kommunale Kehrfahrzeuge, wie sie häufig auf Straßen und Bürgersteigen zum Einsatz kommen. Durch einen hydrostatischen Fahrantrieb können solche Arbeitsgeräte unter anderem in extremem Kriechtempo bewegt werden.

Ein besonderer Vorteil für den Unimog war die kompakte und vergleichsweise leichte Bauart des hydrostatischen Fahrantriebs, der darüber hinaus mit relativ wenigen bewegten Teilen auskommt und damit eine hohe Betriebssicherheit bietet. Der zuschaltbare Hydrostat wurde direkt vom eigentlichen Fahrmotor über eine Abtriebswelle mit Kraft versorgt und ermöglichte es dem Fahrer, bei entsprechenden Einsatzprofilen die Leistungsabgabe stufenlos zu regulieren – ein unschätzbarer Vorteil nicht nur im Winterdienst, sondern durchaus auch bei einer Vielzahl anderer Anwendungen.

Noch mehr Beweglichkeit

Eine weitere Innovation, deren Einsatz bei straßentauglichen Nutzfahrzeugen vom Zuschnitt eines Unimog bisher nicht realisiert worden war, war die als Sonderausstattung für den 427er lieferbare Hinterachs-Zusatzlenkung. Das damit mögliche Einschlagen der Hinterräder, das stets in Kombination und koordiniert mit der normalen Vorderachslenkung vonstattenging, machte den Unimog zu einem extrem wendigen Gefährt, was ihm wiederum besonders bei Kommunaleinsätzen im Innenstadtbereich sehr zugute kam. Auch engste Kurven zu nehmen, bereitete dank der lenkbaren Hinterräder nun keine Probleme mehr.

Neue Funktionen in petto

Apropos Lenkung: Ebenfalls noch in keinem anderen straßentauglichen Nutzfahrzeug verwirklicht worden war ein anderes Ausstattungsmerkmal, das die Unimog-Entwickler – auch hier wieder mit Blick auf Kommunaleinsätze – ganz oben auf ihre Prioritätenliste gesetzt hatten. Es handelte sich dabei um eine sogenannte Wechsellenkung, eine Lenkung, die vom Fahrpersonal nach Bedarf und ohne nennenswerten Aufwand von der linken auf die rechte Fahrerhausseite verlegt und auch wieder in die normale Position zurückbewegt werden konnte. Der Nutzen einer solchen Ausstattung erschloss sich jedem auf Anhieb: Durch diese neue Art von Flexibilität konnte der Unimog-Anwender jene Lenkradposition wählen, die ihm den besten Überblick beim Arbeitseinsatz bot, etwa bei Reinigungsaufgaben mit einem Kehrmaschinenaufsatz, bei Böschungsmäharbeiten oder generell für Arbeiten, bei denen der Blick auf den jeweils äußeren Straßenrand bzw. den Bordstein gerichtet werden musste.

Noch im Versuchsstadium befindlich, aber – wie hier – in Prototypenform bereits in Fahrzeugen der Baureihe 427 getestet, war die Wechsellenkung eine große Herausforderung für die beteiligten Ingenieure. In die Serie gelangte sie erst im Jahr 2000, als nur noch wenige Modelle der klassischen Schweren Baureihen 427 und 437 im Programm waren. Profitieren von diesem einzigartigen Ausstattungsmerkmal konnten damit nur die Fahrzeuge der seinerzeit neuesten und für Unimog-Verhältnisse geradezu radikal modernisierten Generation.

Die in der Entwicklung befindliche Wechsellenkung sollte den Unimog noch universeller einsetzbar machen, besonders bei Arbeiten, die dem Fahrpersonal hohe Präzision abverlangten und beste Sichtverhältnisse erforderten, etwa beim Mähen des Straßenbegleitgrüns.

Selbstverständlich waren auch die ab den End-80er-Jahren auf den Markt gekommenen schweren Unimog-Baureihen an die seinerzeit auch für schwerere Lkw neu eingeführten Abgasnormen gebunden. Mercedes-Benz bzw. der Unimog übernahmen hier eine Vorreiterrolle.

Die für den 427er erstmals werkseitig angebotene Reifendruckregelanlage gehörte ebenfalls zu den Highlights der Optionenliste. Besonders im extremen Geländeeinsatz oder auf nachgiebigem Ackerboden spielte sie ihre Vorzüge aus.

Weitere neue Sonderausstattungen

Ebenfalls eine Unimog-Premiere war die erstmals für den 427er lieferbare Reifendruckregelanlage namens „tirecontrol". Zwar waren solche Systeme nicht neu, da sie schon seit den 1960er-Jahren insbesondere bei Militärfahrzeugen verwendet wurden, aber für ein Multitalent wie den Unimog hatte es so etwas noch nicht gegeben. Mit einer solchen Regelanlage war der Reifeninnendruck luftbereifter Fahrzeuge von der Fahrerkabine aus zu steuern. Steuern heißt in diesem Fall, dass während der Fahrt je nach Bedarf Luft befüllt und abgelassen werden konnte. Der ursprünglich von den Militärs klar erkannte Vorteil einer solchen technischen Vorrichtung lag insbesondere darin, beim Fahrzeugeinsatz in schwerem Gelände schnell und unkompliziert Luft ablassen zu können, um dort durch eine Vergrößerung der Reifenaufstandsfläche bestmögliche Traktionswerte zu erzielen. Übrigens: Reifendruckregelanlagen sind nicht mit den heutigen, insbesondere auch im Pkw-Bereich eingesetzten Reifendruckkontrollsystemen zu verwechseln, die lediglich zur Überwachung des Reifendrucks und ggf. zur entsprechenden Warnung des Fahrers gedacht sind.

Gewaltige Entwicklungsaufgabe

Was die Realisierung dieses Merkmals an technischen Konsequenzen nicht nur unterhalb der Kabine, sondern auch in der Kabine selbst nach sich zog, war enorm. Denn zum einen musste das Lenkrad samt Säule und allen Bedienungshebeleien inklusive der entsprechenden Elektrik verschiebbar ausgelegt sein, und zum anderen musste auch eine Lösung für die Pedalerie gefunden werden, die ebenso beweglich auszuführen war – ganz zu schweigen vom Aufwand für die gesamte Lenkungsgeometrie, die so gestaltet werden musste, dass die Lenksäule die Impulse des Fahrers einmal von der linken und einmal von der rechten Seite übertrug. Angesichts dieser komplexen Aufgabenstellung konnte es kaum verwundern, dass die Wechsellenkung erst Jahre später reif für einen Einsatz im Serienbau war. Erste Versuche mit Prototypen des innovativen Systems fanden aber bereits in Fahrzeugen der Baureihe 427 statt.

Praktisch und sinnvoll

Die ursprünglich im Mittelpunkt stehende Funktion des Luftablassens, ohne die Fahrerkabine verlassen zu müssen, sei es bei Fahrzeugstillstand oder sogar während der Fahrt, ist nur einer der vielen Vorteile solcher Systeme. So erlauben sie es unter anderem auch, zum Beispiel im Fall unterschiedlicher Achsbelastung, eine individuelle Angleichung der tatsächlichen Abrollumfänge von Vorder- und Hinterrädern vorzunehmen – für den Unimog 427, der zumeist mit schweren Aufbauten oder Anbaugeräten an Front und Heck im Einsatz war, eine ausgesprochen sinnvolle Funktionalität. Auch mit Blick auf landwirtschaftliche Anwendungen überzeugen Reifendruckregelanlagen, weil sie, vor allem unter nassen Bedingungen, dabei mithelfen, die Bodenverdichtung auf der Ackersode möglichst niedrig zu halten und die Bildung von Spurrillen zu reduzieren – ebenfalls sehr nützlich für den Unimog mit seinen im Unterschied zum Traktor kleinen Rädern.

An der Schwelle zum neuen Jahrtausend und den damit verbundenen neuen Herausforderungen zeigten die Fahrzeuge der Baureihen 427 und 437, dass der Unimog auch in Zukunft unentbehrlich sein würde – wie hier beispielsweise beim Freileitungsbau.

Ein Kraftpaket, wie es die Unimog-Baureihe 427 noch nicht gesehen hatte: Der mit kurzem Radstand versehene U 1600 (214) fand manchmal auch den Weg in die Landwirtschaft. Hier mit einer Großflächenspritze in eingeklapptem Zustand.

Simpel aufgebaute Mechanik

Im Vergleich zur technisch komplexen Wechsellenkung erweist sich eine Reifendruckregelanlage als relativ unkompliziert aufgebaut. Sowohl Befüllung wie Entlüftung der Reifen erfolgen durch den Achskörper und die Radnabe hindurch über eine druckluftfeste Schlauchleitung. Dabei erlaubt eine luftdichte Schnelllösekupplung die gleichzeitige Drehung der Räder. Die Schlauchleitung ist zudem mit einem Prüf- und Füllventil ausgestattet, wobei eine Sicherheitseinrichtung für die Einhaltung von Mindest- und Höchstdrücken sorgt. Für Nachschub an Reifenfüllluft sorgte die an Bord des Unimog ohnehin vorhandene Pneumatik. Da es sich beim Unimog um ein integriertes System handelte, war von der Anlage äußerlich kaum etwas zu sehen – allenfalls ein kurzes Stück Druckschlauch, das von der Achsdurchführung bis zum Reifenventil reichte.

Abgasreduzierung im Fokus

Aber die Fahrzeuge der 427er-Baureihe punkteten nicht nur mit neu ins Programm genommenen, Vielseitigkeit und Effizienz weiter steigernden Ausstattungsoptionen. Ihre Antriebsaggregate, die aus dem Lkw-Programm von Mercedes-Benz stammten, mussten inzwischen auch strikter gewordene Abgasnormen erfüllen – bis dahin ein Thema, das vor allem Pkw betroffen hatte. Nun gab es, quasi zur Begrüßung der neuen Modelle, die im gleichen Jahr auf den Markt kamen, ab 1988 mit der Richtlinie 88/77/

EWG auch im Lkw-Bereich erste, europaweit verbindliche Grenzwerte für die verschiedenen Schadstoffe in Dieselabgasen. Die Motorenentwickler von Mercedes-Benz reagierten schon sehr frühzeitig auf diese neue Herausforderung, und es machte keine Mühe, auch den nicht mehr taufrischen Sechszylinder-Diesel OM 366 in Saug- und aufgeladener Version auf die neuen Normen einzustellen. Man ging in Stuttgart sogar darüber hinaus, was auch für den Unimog, der sich im Kommunalbetrieb häufig in dicht besiedelten, nicht selten engen innenstädtischen Bereichen bewegte, in marketingtechnischer Hinsicht sehr vorteilhaft war.

An der Spitze des Fortschritts

So waren unter anderem die 427er-Modelle auf Wunsch – und natürlich aufpreispflichtig – bald auch in einer sogenannten „Low Emission Vehicle"-, kurz: LEV-Version, zu bekommen, bei der dank diverser innermotorischer Maßnahmen das Emissionsniveau noch deutlich unterhalb der amtlich geforderten Standards angesiedelt war. Der Erfolg dieser LEV-Versionen, bei denen sich auch die Motorcharakteristik etwas verändert zeigte, blieb aber sehr überschaubar. Da die Stadtväter stets mit den ihnen zur Verfügung stehenden öffentlichen Mitteln knausern mussten und das Thema Umweltentlastung im Vergleich zu heute nur im Hintergrund wahrnehmbar war, entschieden sich am Ende nur wenige von ihnen für diese vorbildliche Ausstattungsoption. Gleiches galt für den ebenfalls für den OM 366 im Unimog 427 bereitstehenden Rußpartikelfilter, der einen weiteren Beitrag zur Verbesserung der innerstädtischen Luftqualität leistete und den bis dahin üblichen schwarzen Qualmschwaden aus den Abgasanlagen speziell von Lkw ein Ende machte. Technisch gesehen war die Serienreifmachung des Lkw-Rußpartikelfilters definitiv eine Pionierleistung der Mercedes-Benz Ingenieure, denn in der Anfangszeit der Entwicklung galt es als nahezu unmöglich, auf Dauer ein Zusetzen des Filters durch die Rußpartikel zuverlässig zu verhindern.

Auch in seiner ursprünglichen Form, wie er 1988 auf den Markt kam, war der U 1650 schon souverän motorisiert. Für den Großteil der Kommunaleinsätze, hier zum Beispiel bei der Kanalnetzwartung mittels Spülgerät, reichten die verfügbaren 156 PS/115 kW völlig aus.

Ankunft in der Moderne

Tatsächlich hatte es das beim Unimog in dieser Form zuvor noch nie gegeben: Bis auf drei Baumuster, sprich: Modellvarianten, die erst 1992 eingeführt wurden, war die Typenpalette der neuen Schweren Baureihe 427 schon zum Zeitpunkt ihrer Einführung im Januar 1988 komplett. Nicht nur in technischer Hinsicht, sondern auch in puncto Vermarktungsstrategien begann sich eine neue Epoche abzuzeichnen, in der Entwicklungstempo, Kundenorientierung und die Kreativität der Konstrukteure eine immer größere Rolle zu spielen begannen. Die Zeit der vor allem im Nutzfahrzeugsegment bisher eher gemächlichen Entwicklungszyklen und der über Jahre sehr überschaubaren technischen Fortschritte lief unweigerlich ab – auch für solch spezielle Profigeräte wie den Unimog.

Der U 1600 wurde neben dem Kommunalbereich vor allem auch von unterschiedlichsten Gewerbebetrieben geordert. Hier zieht ein im Rohrleitungsbau eingesetztes Exemplar Furchen ins Gelände. Eher selten zu sehen war die hier montierte Aufdach-Klimaanlage.

Sich veränderndes Umfeld

Vor allem das immer stärkere Vordringen der ständig leistungsfähiger werdenden Elektronik einerseits, aber auch ständig zunehmende regulatorische Maßnahmen zur Reduzierung der Fahrzeugemissionen ließen, wie bereits erwähnt, bei sämtlichen Nutzfahrzeugherstellern einen Innovationsdruck entstehen, dem sie sich stellen mussten. Parallel dazu wurden auch die Unimog-Kunden – egal, aus welchem Bereich sie kamen – immer anspruchsvoller und forderten die zeitnahe Umsetzung modernster Technologien. Die guten, alten Unimog-Zeiten waren in den 1990er-Jahren definitiv Geschichte. Was aber blieb, waren die immer weiter wachsenden Anforderungen an die Arbeitsmaschine, deren technisches Grundkonzept schon fast ein halbes Jahrhundert auf dem Buckel hatte.

Herausfordernde Perspektiven

Die Verantwortlichen bei Daimler-Benz, traditionell gewohnt, eher bedächtig zu agieren, verfolgten die sich dynamisch wandelnde Gesamtsituation für den Unimog mit gemischten Gefühlen. Natürlich mangelte es im Hause angesichts der vielfältigen neuen technischen Möglichkeiten nicht an Ideen oder Entwicklungskompetenz – und im Hintergrund tat sich diesbezüglich schon einiges –, aber die Marktposition des Multitalents erschien doch gefährdeter als jemals zuvor. Bisher hatte es, trotz immer wieder vorkommender Hochs und Tiefs, über die letzten Jahrzehnte relativ kontinuierliche, berechenbare Absatzgrößenordnungen gegeben. Doch im Zeichen des beschriebenen Modernisierungsdrucks, der dadurch wesentlich erhöhten Entwicklungskosten und infolgedessen zwangsläufig weiter steigender Verkaufspreise für ein immer höher technisiertes Produkt schien sich angesichts deutlich kostensensibler werdender Kundenkreise vor allem aus dem Kommunalbereich nun vieles zum Schlechteren zu wenden und die längerfristige Zukunft des Unimog durchaus unsicher zu sein.

Hinzu gesellte sich ein weiterer, nicht zu unterschätzender Aspekt: Der Unimog war einfach seit jeher extrem solide und langlebig. Für viele Anwender, das heißt: potenzielle Kunden, gab es demnach kaum Bedarf, ein altes Fahrzeug, das seinen Dienst auch nach vielen Jahren, vielleicht sogar Jahrzehnten, noch klaglos versah, durch ein neues zu ersetzen. Das bedeutete für Daimler-Benz, dass

Ein stämmiger Geselle: Dieses Detailbild zeigt oberhalb des Heckkrafthebers die höhenverstellbare Anhängekupplung, die die 427er-Modelle für alle denkbaren Zugaufgaben einsetzbar machte. Mit gelber Schutzmanschette ummantelt erkennt man den Stumpf der Heckabtriebswelle.

die klassischen Absatzmärkte, ungeachtet aller Modernisierungserfordernisse, bereits einen hohen Sättigungsgrad erreicht hatten – was natürlich auch wieder auf die erreichbaren Absatzzahlen rückwirkte.

Heftige Leistungssteigerung

Andererseits: Nach wie vor gab es in einer Vielzahl von Anwendungsbereichen einfach keine Alternative zum Unimog, und ein ganzer Zulieferzweig – der für An- und Aufbaugeräte – war relativ stark auf ihn fixiert, wenn auch nicht existenziell von ihm abhängig. Die Frage war nun, wie Daimler-Benz mit dieser komplizierten Gemengelage umgehen, welche Konsequenzen man daraus ziehen würde. In einem ersten Schritt entschloss man sich dazu, die Modellpalette der 427er-Baureihe weiter auszubauen. Konkret geschah dies zu Jahresbeginn 1992 durch die Modelle U 1600 (214), U 1650 (214) und U 1650 L (214). Und was bedeutete dabei die Zusatzbezeichnung „(214)“? Die verwies darauf, dass das Antriebsaggregat eine neuerliche und ganz massiv ausgefallene Leistungsspritze erhalten hatte. Da man sich mal wieder im Dickicht der Modellbezeichnungen verheddert hatte, musste man zu dieser Hilfslösung greifen, denn es gab bereits seit 1989 die gleich starken Modelle U 2100 und U 2150, die aber zur oberhalb der 427er positionierten, noch größeren Unimog-Baureihe 437 gehörten – auf die demnächst noch ausführlich eingegangen wird.

Gerade recht für Rangierarbeiten im Zweiwegebetrieb: Der U 1600 (214) zieht am werkseigenen Kombilifter-Terminal von Mercedes-Benz zahlreiche Eisenbahn-Flachwagen unter den Transporteinheiten heraus. Der Mitarbeiter links bedient die Fernsteuerung.

Leistungsstark und emissionsarm

Nun stand also auch für die 427er-Modelle die absolute Top-Motorisierung der Unimog-Palette zur Verfügung. Konkret kam hier der Motor OM 366 LA zum Einbau, der in zwei unterschiedlichen Leistungsstufen verfügbar war. Zum einen mit 214 PS/157 kW in einer Spezifikation, die mit der Abgasnorm Euro 1 konform war und zum anderen mit 211 PS/155 kW, die bereits der deutlich verschärften Euro-2-Norm entsprach. Wesentliches technisches Unterscheidungskriterium der beiden Versionen war die Höhe der Verdichtung: Sie betrug beim Euro-1-Motor 16,5:1, während sie beim Euro-2-Triebwerk auf 18:1 angehoben worden war, um den Verbrennungsvorgang im Sinne einer Emissionsreduzierung positiv zu beeinflussen. Daimler-Benz blieb dabei, dass man sich beim Thema Einhaltung von Abgasnormen von seiner fortschrittlichsten Seite zeigen wollte.

Power durch Ladeluftkühlung

Die stattlich um rund 60 PS/44 kW gesteigerte Leistung des OM 366 LA gegenüber dem in den anderen Modellen der Baureihe eingesetzten OM 366 A war kaum auf umfangreiche innermotorische Maßnahmen zurückzuführen, sondern rührten primär von einem einzigen Bauteil her, das nun auch beim Unimog in die Serie übernommen wurde: Ein Ladeluftkühler machte den OM 366 A zum OM 366 LA und sorgte für den enormen Leistungszuwachs. Das neue Bauteil hatte seine Karriere dort gestartet, wo es auf hohe Leistung ankam: im Motorsport. Sein Wirkprinzip ist denkbar simpel und war seit vielen Jahrzehnten bekannt. Dennoch dauerte es bis 1973, als es der niederländische Lkw-Hersteller DAF erstmals in einem Nutzfahrzeug-Diesel zum Zweck der Leistungssteigerung einsetzte.

Mehr Sauerstoff, mehr Leistung

Die Aufgabe eines Ladeluftkühlers besteht darin, im Ansaugtrakt eines aufgeladenen Verbrennungsmotors die Temperatur der dem Motor zugeführten Verbrennungsluft zu reduzieren, um auf diesem Weg dessen Leistung und Wirkungsgrad zu erhöhen. Ein solcher Ladeluftkühler wird im Ansaugtrakt zwischen dem Verdichterrad des Turboladers und dem Einlassventil des Motors eingebaut und führt einen Teil der Wärme ab, die durch die Verdichtung der Luft im Turbolader entsteht. Die dadurch erzielte Temperaturverringerung der zugeführten Luft führt umgekehrt dazu, dass die Luftmasse in gleichem Volumen zunimmt und entsprechend proportional mehr Kraftstoff verbrannt werden kann, was wiederum zu einer erheblichen Leistungssteigerung führt. Besonders bei turbogeladenen Nutzfahrzeug-Dieselmotoren, die unter hoher Belastung stehen und vor allem durch unbedingte Zuverlässigkeit und Langlebigkeit überzeugen müssen, erwies sich der Einsatz eines Ladeluftkühlers als ebenso effiziente wie unkomplizierte Möglichkeit, höhere Leistungen aus dem gleichen Motor herauszuholen, ohne an dessen grundsätzlicher konstruktiver Auslegung Hand anlegen zu müssen. So blieb auch die Leistungscharakteristik des OM 366 LA voll auf der bekannten Unimog-Linie: Die Nenndrehzahl betrug bei der stärkeren Euro-1-Version 2600/min, während sie beim Euro-2-Motor bei den klassischen 2400/min lag.

Unterschiedliche Drehmomentkurven

Erstaunliches tat sich in diesem Zusammenhang auch mit dem Drehmomentwert. Laut offiziellen Angaben stemmte der nominell stärkere Euro-1-Motor merklich weniger Newtonmeter auf die Kurbelwelle als das eigentlich schwächere Euro-2-Triebwerk: 660 Nm des 214 PS/157 kW-Motors standen 780 Nm des 211 PS/155 kW-Aggregats gegenüber, und auch das Drehzahlspektrum, innerhalb dessen das höchste Drehmoment bereitgestellt wurde, unterschied sich. Beim Euro-1-Motor lag es zwischen 1400 und 1700/min an, bei der Euro-2-Maschine zwischen 1300 und 1400/min und damit günstiger.

Höheres Gewichtsniveau

In den sonstigen technischen Eckdaten entsprachen die topmotorisierten Modelle weitgehend den anderen 427ern: Der U 1600 (214) wartete obligatorisch mit dem kurzen Radstand von 2650 mm auf, stand aber breitbeiniger da: Die Spurweiten vorne und hinten hatten von den 1660 mm der leistungsschwächeren Modelle auf 1726 mm zugenommen. Das resultierte, insbesondere für den mit kurzem Radstand versehenen U 1600 (214), in stabileren Fahreigenschaften auf der Straße – angesichts des massiven Leistungszuwachses eine weitsichtige Maßnahme. Erstaunlich stark war das Leergewicht des Neuen gestiegen. Statt wie zuvor beim 156 PS/115 kW starken Bruder U 1600 mit 4210 kg wurde das des U 1600 (214), je nach Ausstattung, mit 4760 bis 5820 kg angegeben. Da die zulässige Gesamtmasse weiterhin auf 10 Tonnen spezifiziert war, bedeutete das einen Nettoverlust an Nutzlastkapazität.

Häufig wurden die Unimog der Schweren Baureihe auch im Tiefbau eingesetzt. Tatsächlich entwickelte sich der Straßen- und Wegebau neben dem Kommunalbereich zum absatzstärksten Marktsegment. Hier ein kleiner U 1000 der Baureihe 427 mit Plattenverdichter.

Dieser lange U 1650 ist als Sonderaufbau mit einem Kompostiergerät der im nordrhein-westfälischen Velbert ansässigen Firma Doppstadt versehen. Der bewegliche und schnelle Unimog und das mobile Kompostiergerät bilden eine ideale Kombination für effizientes Arbeiten.

Programmstruktur mit Zukunft

Der U 1650 (214) wies, wie alle 427er-Modelle mit der „50“ in der Verkaufsbezeichnung, einen langen Radstand von 3250 mm auf, war aber natürlich auch mit der Spurverbreiterung ausgestattet. In der entsprechenden Konfiguration überschritt ein U 1650 beim Leergewicht schon einmal die 6-Tonnen-Grenze. Der U 1650 L (214) schließlich war, wie alle „L“-Modelle, als Fahrgestell ausgeführt und brachte ein Leergewicht von nur 4400 kg auf die Waage. Generell teilte man in Gaggenau die 427er-Modelle in drei verschiedene Fahrzeuggattungen ein: Es gab einerseits die als Zugfahrzeug und/oder Geräteträger gedachten Arbeitsmaschinen, die mit kurzem oder, je nach Motorisierung, langem Radstand erhältlich waren. Andererseits gab es die nur mit langem Radstand verfügbaren sogenannten hochgeländegängigen Fahrgestelle, die eine deutlich reduzierte Anhängelast aufwiesen, dafür aber mehr Raum für Aufbauten boten. Diese waren üblicherweise mit den stärkeren Motorversionen lieferbar. Eine Sonderrolle spielten die Triebköpfe als dritte Gattung.

Insgesamt positive Verkaufsresultate

Mit ihrem bis über die Jahrtausendwende hinweg reichenden Produktionszyklus von rund 25 Jahren hielten sich die 427er-Modelle angesichts der oben erwähnten, schwieriger gewordenen Umstände sehr beachtlich. Zwar zeigten die Absatzzahlen ab dem Jahr 2000 drastisch nach unten, doch war es der Verkaufsabteilung bis dahin gelungen – wie immer mit Ausreißern nach oben und unten – jährlich etwa 1200 bis 1500 der kostspieligen Fahrzeuge an ihre Käufer auszuliefern. Als Stückzahl-Champions über den gesamten Produktionszyklus profilierten sich die mit kurzem Radstand versehenen Modelle U 1400 mit über 5300 gebauten Einheiten, U 1600 mit über 2200 Exemplaren und U 1200 mit etwas mehr als 2000 Fahrzeugen. Insgesamt summierten sich die Fertigungszahlen sämtlicher 427er-Versionen auf fast 16.500 Einheiten.

Die „L“-Modelle der Baureihe 427 waren auf die Aufnahme spezieller Aufbauten abgestimmt. Nicht selten befanden sich darunter auch individuell zugeschnittene Expeditionsmobile mit einem Wohnkofferaufbau, wie dieses hier.

Mal was anderes – der Funmog

In den 1990ern schwappten die ersten Ausläufer der bevorstehenden SUV-Welle von den USA nach Deutschland und Europa. Vorreiter waren hier unter anderem die Fahrzeuge der Toyota RAV-Baureihe, die – stilbildend – auf zahlreiche Konstruktionsgrundlagen aus dem Pkw-Bau zurückgriffen, in ihrer Ausführung und Optik aber das Thema Praktikabilität mit der gewissen Prise Abenteuerlust einer sich etablierenden Freizeitgesellschaft anreicherten. Von den deutschen Marken erkannte zuerst Mercedes-Benz die Potenziale dieser innovativen Fahrzeuggattung und präsentierte Anfang 1997 auf der North American International Auto Show in Detroit die Fahrzeuge der M-Klasse, die zu einem Riesenerfolg wurden und das Segment auch für weitere Wettbewerber öffneten.

Während sich aus diesen Anfängen über die folgenden Jahrzehnte ein gewaltiger neuer Markt im Pkw-Bereich entwickelte, verharrten die Nutzfahrzeuge dort, wo sie auch hingehörten: bei den professionellen Anwendern. Bis auf wenige Ausnahmen bei verschiedenen Transportermodellen diverser Hersteller, die in Sondereditionen mit vom Pkw übernommenen Stilattributen wie beispielsweise Leichtmetallfelgen, Chromzierrat und Dekorfolien aufgepeppt wurden, blieben Lkw und andere Nutzfahrzeuge das, was sie schon immer waren – allein auf den harten täglichen Einsatz abgestimmte Arbeitsgeräte ohne Sinn für das Außergewöhnliche.

Kerniger kann ein Geselle kaum sein – der Unimog blieb sich auch als „Funmog" treu, darüber täuschten die hübschen, zum Teil in Chrom gehaltenen Anbauteile nicht hinweg. Für Pkw-verwöhnte Privatnutzer kam eine Fahrt im Funmog einem Kulturschock gleich.

Inspiration aus Japan

Dass ausgerechnet das typischste Arbeitsgerät von allen, der Unimog, in speziellem Outfit als Freizeitmobil die Bühne betrat, war dementsprechend die Überraschung des Jahres 1994 und zugleich ein Zeichen der Zeit. Bemerkenswert war daran vor allem zweierlei: Die Idee stammte aus Japan, und Mercedes-Benz griff sie auf und realisierte sie. Zwar war die Entstehung einer zunehmend Lifestyle-orientierten Freizeitgesellschaft nach westlichem Muster alles andere als ein japanisches Thema, aber die dortigen Automobilhersteller mit ihrer großen Erfahrung auf dem nordamerikanischen Markt nahmen vor Ort solche Entwicklungen sehr feinfühlig wahr und hatten schon mit der Kreation des SUV als neuer Fahrzeuggattung erfolgreich darauf reagiert. Dass nun ausgerechnet Mercedes-Benz den Impuls aufnahm und tatsächlich einen ganz besonderen Unimog auf die Räder stellte, war bei näherer Betrachtung auch keineswegs verwunderlich und verwies auf die Sensibilität der Markenstrategen für sich verändernde Käuferprofile. Diese hatten sie zum Beispiel bereits bei der legendären G-Klasse bewiesen, die sich von einem hochkompetenten Geländewagen im Nutzfahrzeug-Outfit zu einem nicht minder kompetenten Luxusfahrzeug mit hohem Lifestyle-Faktor entwickelt hatte und inzwischen sogar mit einem muskulösen V8-Motor unter der Haube zu haben war.

Funmog im Doppelpack

Die Anregung, den Unimog in ein Highend-Freizeitmobil für private Nutzer zu verwandeln, dem man den griffigen Namen „Funmog" verpasste, kam seinerzeit tatsächlich durch Kunden aus Japan – einem Land, das, obwohl es durch vielerlei Reglementierungen geprägt ist, Auto-Nerds große Entfaltungsmöglichkeiten bietet. Es entstanden 1994 gleich zwei Varianten dieses Fahrzeugs, das nach offizieller Aussage, „eine Kombination aus Stadt-, Freizeit-, Gelände- und Nutzfahrzeug" darstellen sollte. Die eine basierte auf einem U 1400 der Baureihe 427 und die andere auf dem deutlich kompakteren U 90 der 1992 vorgestellten, weitgehend neu konzipierten mittelschweren Baureihe 408. Mit den beiden Fahrzeugen gedachte man von Seiten Mercedes-Benz, „das Konzept überragender Geländefähigkeit und höchster Solidität einer privaten Zielgruppe zugänglich" zu machen „und damit eine interessante und spektakuläre Bereicherung des Geländewagenmarktes" zu schaffen. Das waren wohlformulierte Absichten – die Frage war aber, ob das Konzept überhaupt taugte und tatsächlich ein nennenswertes Publikum für solche Fahrzeuge existierte.

Optik-Tuning für den Unimog

Klar war den Machern des Funmog von Beginn an eines: Schon der optische Auftritt musste – wie bei der neuen Gattung der SUV – das Thema des Lifestyle-Geländewagens auf Anhieb transportieren. Dazu holte man sich Unterstützung durch die in Hambrücken, nahe Karlsruhe, ansässige Firma Unicat Ritter-Pfeiffer GmbH. Beim großen U 1400 der Baureihe 427 hielten sich die Bemühungen um ein nach Freizeitaktivität aussehendes Karosserie-Outfit allerdings in engen Grenzen. An der Front fiel ein eher martialischer, mattschwarz lackierter Kühlerschutz aus massivem Rohrmaterial ins Auge, im Volksmund gerne auch mal „Bullenfänger" genannt. Als aus dem Rahmen fallende Gestaltungsakzente konnte man lediglich die nun silbern lackierten Felgen, die beiden Drucklufthörner auf dem Kabinendach und vor allem den mächtigen, auch nach hinten verstrebten Überrollbügel bezeichnen, beide Letzteren in hochglänzendem Chrom erstrahlend. Auf den Türen angebrachte rote Dekorstreifenfolien komplettierten dann auch schon die überschaubaren Zivilisierungsmaßnahmen.

Kulturschock für Pkw-Gewohnte

Dass der U 1400 Funmog die genialen Geländeeigenschaften seiner Spezies besaß, war natürlich unbestritten, aber ob er auch, wie werkseitig angekündigt, im Stadt- oder im normalen Straßenverkehr problemlos eingesetzt werden konnte, war eher fraglich – schließlich blieb auch ein Unimog in Freizeitkleidung ein Unimog. Und das zeigte er unmissverständlich: Nicht einmal ein Mindestmaß an Komfort, wie es private Käufer erwarteten, war vorhanden. Das begann beim beschwerlichen, 1,36 Meter hohen Einstieg in die Kabine, setzte sich über die unverändert Lkw-ähnlichen Fahrleistungswerte fort und fand in der nach Pkw-Maßstäben brettharten Federung, dem mehr als vernehmlich arbeitenden Motor, dem aufgrund des kurzen Radstands, der hohen Schwerpunkt-

Die Idee zum Funmog kam aus Japan und wurde von Mercedes-Benz prompt umgesetzt. Dass ein solches Fahrzeugkonzept dort noch weniger funktionieren würde als anderswo, muss von Beginn an klar gewesen sein – auch wenn dieses Bild anderes suggeriert.

lage und der grobstolligen Reifen gewöhnungsbedürftigen Fahrverhalten sowie dem kaum aufgewerteten Kabineninterieur noch nicht sein Ende. Dazu kam noch eine Preisgestaltung, die auch den hartgesottensten Enthusiasten den Atem verschlug. Mercedes-Benz bzw. Unimog gedachte, für den U 1400 Funmog satte 130.000,- DM zu berechnen.

Unimog bleibt Unimog

Nur wenig attraktiver war das Funmog-Paket beim gleichzeitig präsentierten U 90 der moderneren Baureihe 408 geschnürt. Zwar passte die völlig neue äußere Gestaltung dieser Baureihe besser ins Bild und sie schien auch dank ihrer wesentlich kompakteren Dimensionen besser als eine Art Freizeit-Geländewagen zu taugen, doch aus seiner Haut konnte auch der U 90 nicht heraus. Das galt vor allem für seinen Antrieb. Dabei handelte es sich um einen Fünfzylinder-Vorkammer-Saugdiesel mit knapp 2,9 Liter Hubraum, dessen Wurzeln zwar auch im Pkw-Bau lagen, der aber mit seinen 87 PS/64 kW alle Mühe hatte, den nicht zuletzt für Straßenbetrieb gedachten Funmog angemessen in Bewegung zu halten – kein Wunder angesichts eines Fahrzeugleergewichts von um die 3,5 Tonnen… Während sich der U 90 in puncto Fahrverhalten und -komfort als gelungener Vertreter der jüngsten und modernsten Unimog-Generation präsentierte und auch seine Kabinenpassagiere sich über zahlreiche Aufwertungen freuen konnten, blieb es jederzeit offensichtlich, dass man es auch hier nicht mit einem für private Nutzer wirklich geeigneten Spaß- oder Freizeitmobil zu tun hatte. Immerhin war das äußere Erscheinungsbild des U 90 Funmog wesentlich erfreulicher geraten. Es gab nun eine silbern lackierte Frontstoßstange, ein massives verchromtes Kühlerschutzgitter, eine Batterie von Zusatzscheinwerfern, eine anders gestaltete Pritsche sowie eine am fahrerseitigen hinteren Kabinenende nach oben weisende, hochgelegte Auspuffanlage im US-Style mit verchromtem Hitzeschutzblech. Erhalten geblieben waren die silbernen Stahlfelgen und die auffälligen Drucklufthörner auf dem Dach.

Um ein Sportboot im Schlepptau zu haben und sicher slippen zu können, brauchte es ganz sicher keine Anhängelast von 24 Tonnen, wie sie der Funmog U 1400 bereitstellte. Dies wie vieles andere zeigte, dass das Konzept des Highend-Freizeitfahrzeugs heillos überzogen war.

Erwies es sich als Blütentraum der Produktplaner, mit dem Funmog, in Festkleidung gewandet, zum Opernbesuch aufzubrechen? Oder war die Inszenierung bloßes Kalkül, um spektakuläre Pressebilder zu bekommen, die hohe Medienwirksamkeit garantierten? Wer weiß es schon…

Hauptsache: auffallen

Bei aller mangelnden Stimmigkeit des Funmog-Konzepts steht aber außer Frage, dass man in Sindelfingen und Gaggenau mit diesen Fahrzeugen eines ganz sicher erreichte: eine hohe Medien- und Publikumswirksamkeit. Das zeigte sich bereits im Frühjahr 1994, als der Funmog U 90 durch das 4x4-Fachmagazin OFF ROAD zum „Geländewagen des Jahres" gewählt wurde. Die begleitende Pressemitteilung von Mercedes-Benz hob in diesem Zusammenhang hervor, dass die Funmog Freizeitfahrzeuge für Individualisten seien und die vom Unimog „bekannte Geländegängigkeit, eine hohe Nutzlast für allerlei Sportgeräte und eine Anhängelast von bis zu 24 Tonnen" aufwiesen und sie dank serienmäßiger Servolenkung so wendig wie Mittelklasse-Pkw seien. Als zweifellos besonders wichtiges Argument führte man die Tatsache an, dass man die Fahrzeuge wegen der auf 5 Tonnen begrenzten Gesamtmasse mit dem Pkw-Führerschein Klasse III fahren könne. Der am Ende vermutlich wichtigste Aspekt des Funmog-Konzepts wurde dagegen eher beiläufig erwähnt: dass diese Fahrzeuge nämlich ‚durch ihr auffälliges Erscheinungsbild aus dem üblichen Straßenverkehr hervorstechen". Das war definitiv zutreffend, denn wo auch immer die wenigen für Pressezwecke aufgebauten Exemplare auftauchten, erregten sie großes Aufsehen – zum Beispiel in der Stadt, wo sie stets zwei Parkplätze benötigten!

Dass das zahlungskräftige Publikum gerne einmal auffallen und ein extrovertiertes Statement zum eigenen, herausgehobenen Lebensstil abgeben will, begann man bei Mercedes-Benz übrigens zu dieser Zeit immer besser zu verstehen – und zog daraus zum Beispiel Konsequenzen für die weitere Entwicklung der G-Klasse zum luxuriösen Hochleistungsfahrzeug, das auf urbanen Shopping-Meilen oder dem Schulweg eine glänzende Figur machte, seine wahren Potenziale als Ausnahme-Offroader aber kaum je einmal zeigen durfte.

Nur ein Marketing-Coup?

Trotz der großen Aufmerksamkeit, die den beiden Funmog-Versionen 1994 zuteilwurde, war bis zum Herbst des Jahres von einer Serienfertigung noch nicht die Rede. Auch als die Fahrzeuge im September auf der Frankfurter IAA noch einmal ins Rampenlicht gerückt wurden, gab es hierzu keine verbindlichen Aussagen. Vielleicht war den Verantwortlichen inzwischen klar geworden, dass das Funmog-Konzept in seiner Gesamtheit nicht funktionieren konnte, und es mangels einer genügend großen Zahl potenzieller Käufer keine Chance auf eine wirtschaftlich tragbare Kleinserienfertigung gab. Vielleicht aber auch – so könnte man zumindest aus heutiger Sicht mutmaßen – war eine wie auch immer geartete Serienproduktion des Funmog nie das tatsächliche Ziel gewesen. Möglicherweise sollte das ungefähre Dutzend an Fahrzeugen, die letztlich nur gebaut wurden, schlicht und einfach ein Marketing-Gag sein, um den Klassiker einmal bewusst und in neuer Rolle ins Scheinwerferlicht zu rücken.

Kapitel 4
Die neue Top-Baureihe: 437

Im Lauf der 1980er-Dekade wurde es immer klarer, dass man bei Daimler-Benz, aber auch bei der Mannschaft in Gaggenau zunehmend die Märkte für schwere und leistungsstarke Unimog-Modelle in den Fokus nahm. Zwar gab es mit der im März 1988 eingeführten Baureihe 407 auch wieder neue leichte bis mittelschwere Modelle, doch zeigte schon die kaum modernisierte, traditionelle Optik dieser Fahrzeuge, dass sie – ungeachtet mancher technischer Modernisierung – irgendwie auf halbem Weg steckengeblieben waren und grundlegend Neues in diesem Segment erst noch im Planungs- bzw. Entwicklungsstadium war. Da das Stuttgarter Stammhaus aufgrund nicht gerade überwältigender Verkaufszahlen des gesamten Unimog-Programms zunächst einmal vorsichtig agierte und Wirtschaftlichkeitsaspekten Vorrang einräumte – was besonders bei einem Nischenprodukt wie dem Unimog absolut nachvollziehbar war –, hatte, wie beschrieben, auch der zwei Monate zuvor auf den Markt gekommene 427er als Nachfolger der erfolgreichen 425er-Baureihe sehr gezielte Modernisierungsmaßnahmen erfahren, darunter vor allem der Wechsel zu einer neuen Motorenfamilie, dem knapp 6,0 Liter großen OM 366.

Auch die schweren 437er, selbst wenn sie, wie hier, mit Zusatzgeräten wie einer Frontseilwinde und einem gewichtigen Ladekran ausgestattet waren, bestanden die härtesten Verwindungstests.

Souveräne Motorisierung

Der mit Direkteinspritzung ausgestattete, technisch aktualisierte Sechszylinder bot mit der Möglichkeit einer Turboaufladung und unter Verwendung eines Ladeluftkühlers einerseits weitreichende Möglichkeiten zur Leistungssteigerung, konnte andererseits aber ebenso an die neuen Herausforderungen adaptiert werden, die sich durch die ersten verbindlichen Emissionsnormen für den Nutzfahrzeugbereich stellten. Besonders in diesem Punkt wollte Daimler-Benz im Konkurrenzumfeld auf jeden Fall eine technologische Führungsrolle übernehmen, von der auch die Unimog-Modellpalette profitieren sollte.

Eine seltene Erscheinung und zugleich ein Beweis für die unvergleichliche Anwendungsvielfalt eines Unimog: Dieser als Doppelkabine ausgeführte U 1350 L der Spanischen Staatsbahn RENFE ist als Unterstützungsfahrzeug mit einer Zweiwegeausrüstung ausgestattet.

Viele Leistungsstufen, mehr Radstände

Um sich nun speziell im schweren Segment weitere Marktchancen zu erschließen, setzte man bereits im Mai die zum Jahresbeginn 1988 begonnene Modelloffensive fort und erweiterte das Programm um eine neue Spitzenbaureihe. Analog zu 425 und 435, die dreizehn Jahre zuvor auf den Markt gekommen waren, rundete die neue Baureihe 437 das Angebot nach oben ab. Wie schon beim Unimog 427 vorexerziert, starteten die Gaggenauer direkt mit einer umfangreichen, aus sechs Modellen bestehenden Fahrzeugfamilie, wobei zunächst ein Leistungsspektrum von 136 PS/100 kW bis 170 PS/125 kW abgedeckt wurde. In puncto Radstand, dem zweiten zentralen Differenzierungskriterium, bestand für potenzielle Kunden vorerst die Wahl zwischen drei unterschiedlichen Ausführungen.

Kaum mehr fanden sich Exemplare der Baureihe 437 im Landwirtschaftseinsatz. Sie waren zu kostspielig, mit Leergewichten jenseits von 4 Tonnen sehr schwer, und ihr hohes Leistungsvolumen musste kaum einmal abgerufen werden – schon gar nicht beim Ernteeinsatz.

Bekannte Konfigurationen

Am kompaktesten war das Einstiegsmodell in die Baureihe 437, der neue U 1700. Mit einem Radstand von 2810 mm – den es aktuell nur noch beim alten U 1500 der noch bis Jahresende 1988 weiterproduzierten Baureihe 425 gab – und dem turbogeladenen OM 366 A mit 170 PS/125 kW unter der Haube sollte er eine Doppelfunktion als besonders leistungsstarke Zug- und handliche Arbeitsmaschine erfüllen, wie sie auf allen Zielmärkten des Unimog immer wieder gefragt war. Um die berüchtigten Kannibalisierungseffekte insbesondere mit dem kurz zuvor eingeführten 427er-Modell U 1600 zu vermeiden, hatte man nicht nur die Leistung des U 1700 um 14 PS/10 kW höher, sondern auch den Radstand um 160 mm länger spezifiziert. Dass allerdings das im Unimog-Modellprogramm immer wieder auftauchende Problem der zumindest teilweisen technischen Überschneidung einzelner Typen unverändert bestand, zeigte unter anderem der ebenfalls im Mai eingeführte U 1750. Mit der gleichen Motorisierung ausgestattet wie der U 1700, verfügte das „50er-Modell“, das ebenfalls als Zug- und Arbeitsmaschine deklariert war, über einen längeren Radstand. Mit dem gewählten Maß von 3250 mm war der U 1750 aber alles andere als ein singuläres Angebot: In der Schwesterbaureihe 427 war mit dem U 1650 ein kaum schwächeres Fahrzeug mit demselben Radstand im Programm, und wer als Kunde mit einem niedrigeren Leistungsvolumen zurechtkam, konnte auch auf die – zudem preisgünstigeren – Typen U 1250 und U 1450 zurückgreifen. Dieser Zustand limitierte von vorneherein das Absatzpotenzial des U 1750.

Einige Modelle der Baureihe 437, wie beispielsweise der abgebildete U 1550 L/37, verfügten über einen extrem langen Radstand – in diesem Fall 3700 mm. Dies gab ihnen, etwa für Einsätze in der Energiewirtschaft, eine Alleinstellung im Unimog-Programm.

Rückkehr eines alten Problems

Ganz ähnliches galt für die anderen im Mai 1988 gestarteten „50er-Modelle" der Baureihe 437, die mit dem Zusatz „L" in der Typenbezeichnung traditionsgemäß als hochgeländegängige Fahrzeuge vermarktet wurden: U 1350 L, U 1550 L, U 1750 L sowie U 1750 L/38. Diese konkurrierten wegen ihres identischen Radstands von 3250 mm mit den Typen U 1250 L, U 1450 L sowie U 1650 L aus der gleichzeitig eingeführten 427er-Baureihe. Bei näherem Hinsehen konnte man sogar entdecken, dass die Motorleistungen mitunter gleich waren. So war beispielsweise der U 1450 L ebenfalls mit dem 136 PS/100 kW starken OM 366 A ausgestattet, der auch den U 1350 L der Baureihe 437 antrieb, und der U 1550 L hatte dieses Aggregat mit auf 155 PS/114 kW justierter Höchstleistung unter der Haube – sogar 1 PS/0,7 kW weniger Leistung als der U 1650 L der Baureihe 427 bereitstellte. Selbst der U 1750 L/38, Baureihe 437, der mit dem nochmals verlängerten Radstand von 3850 mm aufwartete, stand nicht allein da. Eigentlich als Nachfolger des alten – und gleich bezeichneten – U 1750 L/38 der Baureihe 435 positioniert, musste er sich mit diesem noch anderthalb Jahre lang, bis Dezember 1989 den Markt teilen, obwohl er vor allem motorisch deutlich moderner ausgerüstet war. Der seitens des Herstellers postulierte Anspruch, das Unimog-Modellprogramm zu vereinfachen und transparenter zu machen, scheiterte immer wieder an der Wirklichkeit – und den Verlockungen, die der Gaggenauer Teilebaukasten bot.

Kaum Unterschiede zum 427er

Alle sechs ab Mai 1988 lieferbaren Typen der Baureihe 437 ähnelten ihren Schwestermodellen der Baureihe 427 äußerlich wie ein Ei dem anderen – bis auf die Typenschilder und eine wirkliche Ausnahme: Der U 1700 stach wegen seines 2810 mm langen Radstands heraus, da es bei den 427ern kein Modell mit diesem Maß gab. Zwar versah die seit 1976 bei den schweren Unimog verwendete Kabine immer noch zur allseitigen Zufriedenheit ihren Dienst, doch nach über zehn Jahren schienen manche Aktualisierungen auch hier allmählich notwendig zu werden. Unter dem Blech hatten die im Januar 1988 auf den Markt gekommenen 427er jedoch bereits wichtige Akzente gesetzt: Nicht nur dank des neuen Antriebsaggregats, sondern auch mit dem neuen Getriebe UG 3/65-8, das mit den nun noch einmal gesteigerten Motorleistungen problemlos zurechtkam, und sogar noch für höhere konzipiert war. Denn eines war zum Zeitpunkt der Einführung unstrittig: Nach aller Erfahrung konnten die sechs Premierenmodelle der Baureihe 437 noch nicht das letzte Wort in Sachen schwere und starke Unimog gewesen sein.

Wieder eine Triebkopfversion

Bevor aber in der Folgezeit weitere Modellvarianten das Angebot ergänzten, gab es zunächst einmal Vertrautes: Acht Wochen nach dem Marktstart der neuen Baureihe machte Gaggenau eine Triebkopfversion, den U 1700 T, verfügbar, die sich ebenfalls mit der 170 PS/125 kW starken Motorisierung des Ausgangsmodells begnügte. Angesichts der minimalen Stückzahlen in diesem Spezialsegment sahen die Produktverantwortlichen inzwischen davon ab, den Triebköpfen, wie in früheren Zeiten, eine Sonderstellung einzuräumen, indem man sie schon vor den regulären Modellen mit noch kräftigeren Motorversionen ausrüstete. Das Thema eines weiteren Leistungszuwachses blieb aber ganz oben auf der Agenda der Entwickler, wie sich bereits wenige Wochen später zeigte.

Eine selten gewählte Alternative zur üblichen Kombination Traktor plus Gülleanhänger stellt dieser U 1750 dar. Er ist mit 6000 Liter fassendem Tank auf der Ladefläche mit der Gülleverteilung beschäftigt. Die ultrabreiten Niederdruckreifen reduzieren die Bodenpressung.

Die „L“-Modelle der Baureihe 437, wie dieser U 1550 L, waren als hochgeländegängige Fahrgestelle optimal für einen Highend-Expeditions-Aufbau wie den abgebildeten von der Firma Unicat aus dem baden-württembergischen Dettenheim geeignet.

Meisterhaft beherrschte man in Gaggenau das Spiel mit den Motorleistungen. Das neue Topmodell der Baureihe 437, der U 2100, durchbrach dabei erstmals die magische 200-PS/147-kW-Schallmauer und machte den Eindruck, als könne es vor Kraft kaum laufen...

Mit Power in die Zukunft

Unbeirrt setzten die Verantwortlichen in Stuttgart und Gaggenau ihre Modellstrategie für den Unimog fort, wobei der Schwerpunkt der Weiterentwicklung bei den 427ern und vor allem den Topmodellen der 437er-Baureihe lag. Schon kurz nach deren Markteinführung ergänzte mit dem U 1550 L/37 ein weiteres hochgeländegängiges Fahrgestell für Spezialaufbauten den Markt. Es war mit einer auf 155 PS/114 kW justierten Version des OM 366 LA ausgerüstet und sollte mit einem Radstand von 3700 mm die bestehende Angebotslücke zwischen den regulären „L"-Modellen, die über einen Radstand von 3250 mm verfügten, und dem langen U 1750 L/38 füllen. Das Zwischenmodell orientierte sich allerdings mit einem nur um 150 mm kürzeren Radstandmaß sehr viel mehr an der langen als an der kurzen Version, sodass auch hier wieder einmal die Gefahr groß war, dass das eine Modell dem anderen Käufer wegnahm.

Wieder ein neues Topmodell

Den nächsten großen Schritt im Hinblick auf eine Erweiterung der Modellpalette bei der Baureihe 437 unternahm die Unimog-Mannschaft anlässlich der im Oktober 1989 in München veranstalteten Messe bauma. Es war bezeichnend, dass man diese globale Leitmesse für Baumaschinen, Baustoffmaschinen, Bergbaumaschinen, Baufahrzeuge und Baugeräte als geeignete Plattform ansah, um unter anderem zwei neue Spitzenmodelle dem wie immer zahlreich auftretenden Messepublikum vorzustellen. Sie trugen die Bezeichnung U 2100 bzw. U 2150 und stellten die ersten Unimogs dar, die die magische Leistungsgrenze von 200 PS/147 kW überschritten. Der turbogeladene OM 366 A hatte hier eine weitere Leistungsspritze erhalten und wartete – als OM 366 LA bezeichnet – nun mit einer Spitzenleistung von 214 PS/157 kW auf. Dank des durch den Einsatz eines Ladeluftkühlers erzielten Kraftzuwachses von satten 44 PS/32 kW gegenüber dem bisherigen Topmodell U 1700, war es den Entwicklern gelungen, die für den Unimog erforderliche bullige Leistungscharakteristik in vollem Umfang zu erhalten: Die Nenndrehzahl dieser Motorenversion betrug unverändert 2600/min, während der Drehmomentbestwert im Drehzahlbereich zwischen 1400 und 1700/min anlag – und damit sogar breiter ausfiel als bei den 170-PS/125-kW-Versionen, wo er sich nur zwischen 1400 und 1500/min erstreckte. Erwartungsgemäß verschaffte der Maximalwert von 660 Nm dem großen Unimog eine einsame Spitzenstellung im Modellprogramm.

Bewährte Technik für mehr PS/kW

Viel Aufwand war für die Motorenentwickler in Stuttgart-Untertürkheim dabei nicht zu treiben. Schließlich gab es mit dem Einsatz von Ladeluftkühlern speziell beim turbogeladenen Sechszylinder-Diesel OM 366 A im Hause bereits umfangreiche Erfahrung, sodass der Umgang mit dieser Technologie und ihre optimale Verwendung keine besonderen Geheimnisse mehr barg. Bereits Mitte der 1980er-Jahre hatte man in der Lkw-Palette von Mercedes-Benz – zunächst bei den leichten Fahrzeugen der Typenreihe LN 2 und etwas später bei den mittelschweren der Neuen Generation (NG 85) – dieses Antriebsaggregat entsprechend aufgerüstet, um Leistungssteigerungen herbeizuführen.

Das Bauwesen, insbesondere der Straßenbau, sollte zunächst zur Domäne der neuen Power-Unimogs werden. Um hier auch für anspruchsvolle Transport- und Erdarbeiten eingesetzt werden zu können, kam das neue Leistungsniveau gerade recht.

Mit den hohen Kraftreserven der neuen 437er-Modellvarianten nahm man angesichts der Präsentation auf der bauma 1989 von Seiten Gaggenaus nun auch verstärkt den Absatzmarkt vor allem des Tiefbaugewerbes in den Blick. Zweifellos gab es hier für die als Zugmaschine und Geräteträger positionierte Ausführung, die als U 2100 mit kurzem (2810 mm) und als U 2150 mit langem Radstand (3250 mm) verfügbar war, zahlreiche Anwendungsmöglichkeiten. Dazu gehörten nicht nur die schon zuvor erledigten Arbeiten im Rahmen der Trassierung von Straßen, sondern nun unter anderem auch besonders anspruchsvolle Zug- und Transportaufgaben. Hier stach insbesondere der längere U 2150 heraus, der Achslasten von bis zu 8,5 Tonnen erlaubte und außerdem dazu prädestiniert war, auch schwerste Anbaugeräte zu tragen und per Zapfwelle anzutreiben.

„L"-Modelle im Mittelpunkt

Zunächst außerhalb des Blickfelds der Verkaufsorganisation blieben dagegen das ohnehin starke Geschäftsfeld der Kommunalfahrzeuge und – wenig verwunderlich – auch der Agrarbereich. Die extrem hohe Leistungsfähigkeit des neu spezifizierten Antriebsaggregats schien hier eher die Antwort auf eine Frage zu sein, die niemand gestellt hatte. Zumal der von Gaggenau schon für den U 2100 aufgerufene Listenpreis von fast 145.000,- DM in diesen Marktsegmenten die interessierten Kundenkreise begrenzte. Doch hier sollten binnen kurzem und völlig unerwartet Entwicklungen einsetzen, die die Situation nachhaltig veränderten und neue Absatzpotenziale auch für die Powermodelle versprachen – dazu später mehr. Sehr wohl im Visier hatte die Vertriebsabteilung jedoch den Markt für hochgeländegängige Fahrgestelle, sodass das 214-PS/157-kW-Triebwerk noch im Jahr 1989, quasi parallel zu den Premierenmodellen, auch im U 2150 L und im U 2150 L/38 verfügbar gemacht wurde – bei Letzterem mit dem ultralangen Radstand von 3850 mm. Hier konnte es beispielsweise für Feuerwehraufbauten und nicht selten auch hoch spezifizierte Expeditionsfahrzeuge mit Wohnkoffern kaum genug Leistung geben, wobei der bei allen 437er-Modellen serienmäßig installierte, riesige 160-Liter-Tank eine wesentliche Verbesserung der Reichweiten mit sich brachte.

Dem Baukastensystem sei Dank

Wer als Kunde eines hochgeländegängigen Fahrgestells allerdings mit einem etwas geringeren Radstandmaß vorliebnehmen konnte und durch reduzierte Nutz- und Achslasten mit einer zulässigen Gesamtmasse von 7,5 Tonnen auskommen musste, weil kein Lkw-Führerschein vorhanden war, zugleich aber dennoch nicht auf die ganze Kraft des OM 366 LA verzichten wollte, dem bot Unimog eine 437er-Modellversion an, deren Typenbezeichnung wieder einem kleinen Kunststückchen gleichkam: Der ebenfalls 1989 ins Programm aufgenommene U 1550 L/37 (214) war ein klassisches Nischenprodukt, das mithilfe einer geschickten Kombination vorhandener Komponenten aus dem Unimog-Teilebaukasten zustande gekommen war. Sein besonderer Reiz lag darin, dass kein anderes mit dem 214-PS/157-kW-Triebwerk versehenes Modell ein auch nur annähernd so günstiges Leistungsgewicht aufwies, und es zudem Inhabern eines Pkw-Führerscheins zugänglich gemacht wurde. So ist es bei näherer Betrachtung kein Wunder, dass dieses 437er-Modell mit der so sperrigen Typenbezeichnung bald schon auf Platz fünf der Verkaufshitliste dieser Baureihe auftauchte.

Dank ihrer hohen zulässigen Achslasten von bis zu 7 Tonnen eigneten sich vor allem die längeren „50er"-Modelle der Baureihe 437 auch für schwere Aufbaugeräte wie zum Beispiel dieses Tiefenbohrgerät der Firma AGBO aus dem niedersächsischen Uetze.

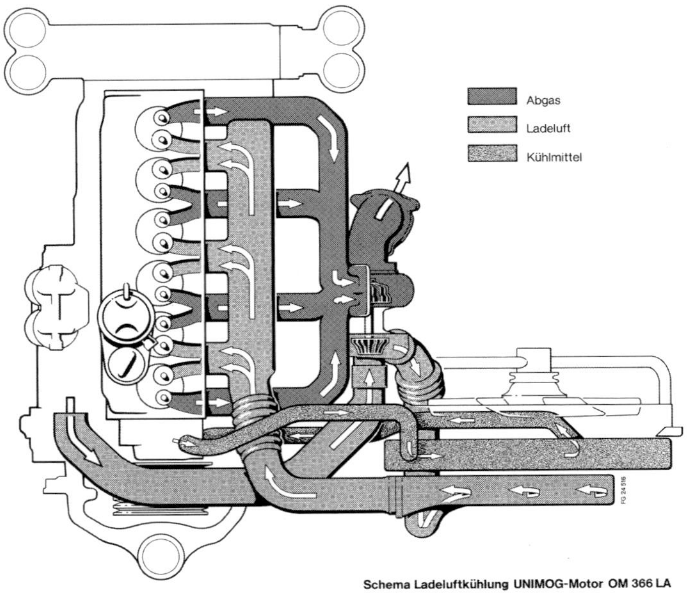

Schema Ladeluftkühlung UNIMOG-Motor OM 366 LA

Simpel und hocheffizient: Durch den Einsatz eines Ladeluftkühlers erreichten die Motorenentwickler von Mercedes-Benz auch am turbogeladenen OM 366 A wesentliche Leistungssteigerungen, ohne die Motorcharakteristik negativ zu beeinflussen.

Zäher Fahrzeugabsatz

Andere – und, bei Licht betrachtet, die meisten – Versionen taten sich da schwerer, vor allem in der Frühzeit ihrer Marktpräsenz. Bis Ende 1989, als alle der bisher erwähnten 437er-Modelle eingeführt waren, erreichte keines davon jährliche Absatzzahlen in dreistelliger Höhe – ganz im Gegenteil: Von manchen wurden weniger als 10 Exemplare gebaut und verkauft. Man kann nur vermuten, dass dafür nicht zuletzt die Tatsache verantwortlich war, dass von den älteren, leistungsschwächeren und technisch weniger hochstehenden, aber natürlich auch preiswerteren 435er-Modellen noch sehr viele nach wie vor in Produktion waren, und diese sich tatsächlich besser absetzen ließen als die neuen 437er.

Bundeswehr ohne Kaufambitionen

Erst mit dem schrittweisen Auslaufen der Vorgängerbaureihe ab 1991 besserte sich die Absatzsituation für die neuen Topmodelle, wenngleich man konstatieren muss, dass manches für die Verkaufsstrategen aus Stuttgart und Gaggenau in dieser Zeit auch recht enttäuschend lief.
Da man vor Ort reichlich Erfahrung mit Lieferaufträgen militärischer Beschaffungsstellen hatte, dürfte man wohl damit gerechnet haben, dass auch die Bundeswehr den Modernisierungsschritt vom 435er, der als U 1300 L in großen Stückzahlen bestellt worden war, zum 437er nachvollziehen würde. Dazu kam, dass nach der ab 1989 in Gang gesetzten deutschen Wiedervereinigung auch die ehemaligen DDR-Streitkräfte nun Stück für Stück in die Bundeswehr integriert werden mussten, was – so hoffte man womöglich – in der Beschaffung weiterer Unimog-Fahrzeuge resultieren würde. Dies geschah aber zunächst nicht, und so blieben die Verkaufsresultate für die neuen Modelle vorerst ziemlich überschaubar.

Erfolg für die Geländegänger

Am besten verkauften sich, anders als bisher in der jüngeren Unimog-Geschichte, die hochgeländegängigen „L"-Modelle, und es zeigte sich, dass mit dem U 2150 L/38 nur eines davon mit dem 214-PS/157 kW-Triebwerk ausgestattet war. Die beiden anderen Topseller, der U 1550 L/37 und der U 1550 L als mit deutlichem Abstand bestverkaufte Modellversion, waren mit ihrem 155-PS-/114-kW-Triebwerk in puncto Power eher am unteren Ende der 437er-Leistungspalette angesiedelt. Als absatzstärkste Zugmaschinen überzeugten vor allem der U 2100 und der U 2150.

Neue Marktsituation als Chance

Mit der veränderten politischen Situation in Deutschland sah man bei Unimog nicht nur das Militär, sondern auch die Landwirtschaft als potenziell starken Markt für die Spitzenmodelle der Baureihe 437. Dieser auf den ersten Blick überraschenden Einschätzung lag die Überlegung zugrunde, dass die Reprivatisierung der ehemaligen Landwirtschaftlichen Produktionsgenossenschaften (LPG) der DDR große Verkaufschancen gerade für die stärksten Modelle bieten könnte. Schließlich hatten, anders als in der Bundesrepublik, die Anbauflächen der staatlichen gesteuerten LPGs gigantische Ausmaße, sodass hier nach der Wende, selbst wenn die Flächen bei der Reprivatisierung etwas kleiner parzelliert werden würden, auch die stärksten Modelle der Schweren Baureihe sinnvoll zur Steigerung der Produktivität eingesetzt werden konnten.

Der 437er als Idealbesetzung

In diesem Zusammenhang spielte ebenfalls die – nicht unberechtigte – Vorstellung eine Rolle, dass sich auch

Die Fahrzeuge der Baureihe 437, hier ein U 2150, waren in kommunalen Fuhrparks weniger oft zu finden. Stattliche Listenpreise und durch die starken Motoren verursachte höhere Unterhaltskosten machten sie für dieses Segment weniger attraktiv.

das im Unimog beispielhaft realisierte Konzept eines Multifunktionsfahrzeugs unter den neuen Bedingungen in der ostdeutschen Landwirtschaft als äußerst vorteilhaft erweisen könnte. Angesichts der großen Flächen würden die kräftigsten 437er als ideale Zugmaschinen fungieren und dazu noch erhebliche Effizienzvorteile durch die ebenso vielfältigen wie schnell auswechselbaren Anbau- und Zusatzgeräte bringen. Dank seiner hohen Beweglichkeit auf Ackerflächen wie im Straßenverkehr waren die schweren Unimog-Modelle auch ideal dazu geeignet, in die Fuhrparks neu entstehender Maschinenringe integriert oder auch von Lohnunternehmern genutzt zu werden, um mithilfe eines 437ers gegen Bezahlung diverse Transport- oder Arbeitsdienstleistungen im landwirtschaftlichen Bereich zu erbringen. Eigentlich passten die Talente des Unimog perfekt zu der sich auf privater Basis neuformierenden Agrarwirtschaft in den neuen Bundesländern.

Dennoch blieben dort trotz immer höherer Technisierung und Top-Motorleistungen durchschlagende Absatzerfolge aus. So schien mit Blick auf die möglichst wirtschaftliche Bearbeitung der riesigen Anbauflächen in den neuen Bundesländern beispielsweise ein U 2100 oder ein U 2150 genau das richtige Arbeitsgerät zu sein, boten diese Modelle doch hohe Leistungsreserven und Flexibilität sowie einen großen Aktionsradius. Vermutlich waren es die hohen Listenpreise, die einem nennenswerten Verkaufserfolg vor Ort im Wege standen – immerhin berechnete man für einen U 2100, wie bereits angedeutet, fast 150.000,- DM.

Vom Powerstar zum TG

Dabei hatte man sich, um mögliche Absatzchancen zu erhöhen, in Gaggenau auch dazu entschlossen, ein speziell auf die Bedürfnisse im ostdeutschen Agrarbereich zugeschnittenes Sondermodell anzubieten, das über spezielle Ausstattungsumfänge verfügte und gewisse Preisvorteile bot. Präsentiert wurde der U 2100 A Powerstar passenderweise auf der Landwirtschaftsmesse Agritechnica, die Ende November 1991 in Hannover stattfand. Da der sehr erfolgreiche MB-trac gerade aus dem Programm genommen worden war, weil sich Daimler-Benz und der Kooperationspartner Klöckner-Humboldt-Deutz außerstande sahen, einen wirtschaftlich für beide Seiten darstellbaren Nachfolger auf den Markt zu bringen, versprach das neue Modell, die entstandene Lücke ideal füllen zu können.

Perfektes Einsatzfeld für einen U 2150 L: Langer Radstand gepaart mit hoher Geländefähigkeit und beispielhaftem Zugvermögen machten diese Doppelkabinen-Ausführung für die Deutsche Gesellschaft zur Rettung Schiffbrüchiger (DGzRS) zur idealen Wahl.

Die hochgeländegängigen „L"-Fahrgestelle gab es in allen Leistungsstufen der 437er-Modelle und dienten mitunter sogar als Basis für sehr spezielle Busaufbauten. Abenteuerlustige Expeditionstouristen waren mit diesem U 1550 L bestens unterwegs.

Auch zahlreiche Feuerwehren griffen gerne auf die besonders leistungsfähigen Versionen der Baureihe 437 zurück. Bei dem abgebildeten Tanklöschfahrzeug, das im Braunkohlerevier stationiert ist, handelt es sich um einen U 2150 L/38 mit extralangem Radstand.

Hohes Ausstattungsniveau

Der U 2100 A Powerstar verfügte über zahlreiche hochwertige und vor allem die Arbeitseffizienz steigernde Merkmale. Dazu gehörte an vorderer Stelle die hydrostatische Fahrregelung für eine stufenlose und feinfühlige Geschwindigkeitsjustierung bei geringsten Geschwindigkeiten, wie sie beim Einsatz auf Ackerflächen häufig erforderlich ist. Ebenfalls im Umfang vorhanden war der Bordcomputer namens „Unicomp". Dabei handelte es sich um einen schon seit einigen Jahren als Extra lieferbaren externen Rechner mit LCD-Display, der per Kabel in die Bordelektronik des Unimog integriert und im direkten Blickfeld des Nutzers an der Armaturentafel platziert wurde. Das Gerät diente dazu, den Fahrer mit den wichtigsten Kenndaten des Fahrzeugbetriebs wie auch der zu bearbeitenden Fläche zu versorgen. Informiert wurde unter anderem über die jeweils aktuelle Motor- und Zapfwellendrehzahl, aber es war auch ein zukunftsweisendes GPS-Modul vorhanden, das über die exakte Fahrzeugposition auf der Anbaufläche Auskunft gab.

Nützliche Elektronik

Ein weiteres Ausstattungselement war die sogenannte „terramatic", in Kurzform auch gerne nach ihrer Gattung als EHR, Elektronische Hubwerk-Regelung, bezeichnet. Dabei handelte es sich um ein seinerzeit auch in der Traktorwelt eingeführtes System, das mithilfe der mittlerweile fortentwickelten Elektronik eine wesentliche Steigerung der Bearbeitungsqualität erreichte. Die „terramatic" sorgte insbesondere dafür, dass mittels einer Drucküberwachung in den Hubzylindern von – je nach Ausstattung – Heck- und Frontkrafthebern die Arbeitshöhe der Anbaugeräte unter allen Umständen gleichblieb. So wurden zum einen Unebenheiten an der Bodenoberfläche, aber zum anderen auch sich verändernde Höhenverhältnisse am Fahrzeug, die zum Beispiel durch eine Reduzierung des Reifenluftdrucks, einen sich leerenden Kraftstofftank oder sich ebenfalls während der Arbeit leerende Vorratstanks (Saatgut, Pflanzenschutzmittel etc.) hervorgerufen werden, ausgeglichen.

Der Einsatz des „terramatic"-Systems war beim Unimog deshalb besonders wichtig, weil er, anders als landläufige Traktoren, bekanntlich über eine besonders langhubige Federung verfügte, die ihm, wenn er mit schweren An-

Mit der Wiedervereinigung und der damit verbundenen Umstrukturierung der ostdeutschen Landwirtschaft schienen sich auch für die stärksten 437er wieder neue Einsatzperspektiven zu ergeben, unter anderem, wie für diesen U 2100, als souveräne Zugmaschine.

baugeräten versehen war, in der Vergangenheit besonders bei Arbeiten in der Landwirtschaft zu schaffen gemacht hatte. Schließlich waren nicht zuletzt aus diesem Grund in den 1970er- und -80er-Jahren manche potenzielle Kunden aus dem angestammten Agrarbereich abgesprungen und hatten sich stattdessen einen klassischen Ackerschlepper zugelegt. Ebenfalls an Bord der Powerstar-Modelle war darüber hinaus die Reifendruckregelanlage, deren Funktionalität sich in Verbindung mit der „terramatic" nun ebenfalls nicht mehr negativ auf das Arbeitsergebnis auf der Ackerfläche auswirkte.

Neue Leistungsstufe

Ein Jahr nach ihrer Premiere auf der Agritechnica war die Spezialversion übrigens auch mit dem seit 1989 gegen Aufpreis lieferbaren 240-PS/177-kW-Motor zu ordern. Das Triebwerk war seitdem für die kurzen sowie die langen „50er"- und die „L"-Modelle mit ihren unterschiedlich dimensionierten Radständen verfügbar gewesen. Zurückzuführen war die neuerliche Leistungssteigerung vor allem auf Weiterentwicklungen im Zusammenhang mit dem Verbrennungsprozess. Dabei hatte man auch das Verdichtungsverhältnis von 16,5:1 bei der 214 PS/157 kW-Version des OM 366 LA auf nun 18:1 erhöht. Dabei hatten es die Ingenieure wieder geschafft, die wesentlichen Kenndaten und vor allem die Leistungscharakteristik des Triebwerks trotz des beträchtlichen Leistungszuwachses in vollem

Umfang zu erhalten: Die Nenndrehzahl verharrte unverändert bei 2600/min, und der Drehzahlbereich, in dem das Drehmomentmaximum anlag, erstreckte sich nach wie vor zwischen 1400/min und 1700/min. Der Bestwert selbst war natürlich deutlich gestiegen und betrug nun statt, wie zuvor, 660 Nm satte 760 Nm, was dem Unimog eine bisher unerreichte Zugkraft verlieh. Selbstverständlich erfüllte auch diese Topmotorisierung bereits die neue Abgasnorm Euro 1.

Man hoffte in Gaggenau, dass die im Vergleich zu Westdeutschland viel größeren Anbauflächen zusammen mit der Reprivatisierung des Agrarsektors die Verkaufszahlen für die Modelle der Schweren Baureihe in die Höhe treiben würden.

Prall gefülltes Programm

Bis Ende 1991 waren fast sämtliche Typen der weitestgehend parallel angebotenen schweren Unimog-Baureihen 427 und 437 auf dem Markt eingeführt. Über alles gesehen, konnten die Kunden damit allein bei den 427ern aus insgesamt 13 verschiedenen Baumustern auswählen. Dazu kamen aber noch weit über 20 bei den 437ern. Im Mercedes-Benz- (und Unimog-)typischen Bestreben, nach dem Ende des Baureihen- und Modellchaos der 1960er- und frühen -70er-Jahre erneut alle nur denkbaren Kundenbedürfnisse zu befriedigen, drohte bei den Spitzenbaureihen die Jahre zuvor zumindest zeitweise bereits hergestellte Übersichtlichkeit der Angebotspalette wieder verlorenzugehen.

Mit einer Agrarausstattung versehen, die inzwischen einige wichtige elektronisch unterstützte Umfänge beinhaltete, wurden auch die besonders leistungsstarken Modelle der Baureihe 437 plötzlich wieder für Einsätze in der Landwirtschaft attraktiv.

Neues Zwischenmodell

Dieser Eindruck schien sich zu verfestigen, als zu Beginn des Folgejahres bei den 437ern weitere Modellvarianten eingeführt wurden. Vermutlich, weil man die Leistungsdiskrepanz zwischen den 1700er- bzw. 1750er-Modellen mit ihrem 170 PS/125 kW starken Antriebsaggregat und den 2100ern bzw. 2150ern mit dem 214-PS/157-kW-Motor als zu groß empfand und den Kunden noch mehr Wahlmöglichkeiten bieten wollte, brachte man im Januar 1992 die Versionen U 1800, U 1850 und U 1850 L heraus, die durch den Triebkopf U 1800 T ergänzt wurden. Der einzige Unterschied zu den anderen Modellen bestand in dem hier auf 180 PS/132 kW justierten OM 366 LA. Unter Beibehaltung der bisherigen 16,5:1-Verdichtung zeigten sich gleichwohl ein paar Veränderungen in der Triebwerkscharakteristik. Zwar hatte schon bisher niemand über die Eigenschaften des großvolumigen Sechszylinders geklagt, doch konnte die neue Leistungsstufe manches noch ein bisschen besser: Zum einen war die Nenndrehzahl um immerhin 200/min auf 2400/min gesunken, und zum anderen wurde der Drehzahlbereich, in dem der 590 Nm betragende Drehmomentbestwert abrufbar war, noch einmal deutlich breiter. Er reichte jetzt von 1300/min bis 1900/min und umfasste damit nahezu das komplette Betriebsspektrum. Das versprach eine fast perfekte lineare Leistungsentfaltung, wie sie selbst bei niedrigdrehenden Dieseltriebwerken mit großem Hubraum kaum einmal erreicht wurde.

Der Unimog 2450 war mit seinem auf 240 PS/177 kW erstarkten OM 366 LA bestens geeignet für anspruchsvolle Zugaufgaben. Die maximal zulässige gebremste Anhängelast betrug sage und schreibe 29,4 Tonnen.

Der U 2150 L ist als Tanklöschfahrzeug TLF 24/50 mit einem Aufbau von FGL Luckenwalde versehen. Das zu DDR-Zeiten als VEB Feuerlöschgerätewerk Luckenwalde agierende Unternehmen gehört seit 1998 zum österreichischen Marktführer Rosenbauer.

Der Power-Triebkopf

Der Triebkopfversion U 1800 T, die den bisherigen U 1700 T abgelöst hatte, stellte man in Gaggenau – trotz deren exzellenter Motorisierung – schon nach kurzer Zeit eine Power-Version zur Seite. Angesichts der zur Verfügung stehenden Leistungsstufen des OM 366 LA entschied man sich in Gaggenau dafür, keine halben Sachen zu machen, und für die wenigen verbleibenden, sehr spezialisierten Kundenkreise das 214 PS/157 kW-Aggregat unter die Haube zu packen, was den daraus resultierenden U 2100 T zum stärksten Triebkopf der bisherigen Unimog-Geschichte werden ließ.

Zwitter und Universaltalent

Aber damit hatten die Produktplaner in Gaggenau und Stuttgart ihr Pulver mit Blick auf die Baureihe 437 noch keineswegs verschossen. Das zeigte sich Mitte Mai 1993 auf der in München veranstalteten IFAT, der Weltmesse der Entsorgungswirtschaft. Das inzwischen erreichte Leistungsniveau des Klassikers erlaubte es, den Unimog für besondere Einsatzzwecke auch neu zu denken, und so stellte man dort ein in Teilen völlig neu konzipiertes Modell vor, den U 2400 TG. Die Idee hinter dieser auch optisch aus dem bisherigen Rahmen fallenden Variante war, die Multifunktionsfähigkeit als Geräteträger mit den Transport- und Nutzlastmöglichkeiten eines Lkw zu verbinden. Das führte einerseits zu einem neuen Rekord-Radstand von 4100 mm – erstmals überhaupt zeigte ein Serien-Unimog einen Radstand von mehr als 4 Metern – und andererseits zu einer enormen Erhöhung der erlaubten Hinterachslast. Statt bisher maximal 8,5 Tonnen, wie sie auf Wunsch für die Modelle U 2150 L und U 2450 L sowie die Langversionen U 2150 L/38 und U 2450 L/38 verfügbar war, lag sie nun bei 11,5 Tonnen. Realisierbar war das nur dank einer hinteren Zwillingsbereifung, die ebenfalls ein Novum in der Unimog-Welt darstellte.

Spitzentechnik zu Spitzenpreisen

Mit diesem technischen Rüstzeug, das auch eine ebenfalls noch nie dagewesene Pritschenlänge von 4200 mm erlaubte, mutierte der Unimog zu einem Allrounder, der im Kommunaleinsatz sowie bei Straßen- und Autobahnmeistereien eigentlich unentbehrlich war, da er die Anschaffung mehrerer unterschiedlicher Fahrzeuge überflüssig machte und so, trotz des gesalzenen Anschaffungspreises von rund einer Viertelmillion D-Mark, die öffentlichen Kassen schonte. Besondere Praxistauglichkeit stellte die nur 1300 mm hohe Ladekante sowie der den 2400er-Modellen vorbehaltene, ebenfalls Lkw-artige 230-Liter-Tank her, der im Serienumfang enthalten war. Falls für die jeweiligen Einsatzprofile erforderlich, konnte der U 2400 TG natürlich auch mit den Baureihen-typischen Sonder-

Ein völlig neu gedachtes Konzept eines Unimog stellte der ab Sommer 1993 ins Programm aufgenommene U 2400 TG dar. Mit extralangem Radstand und hoher Nutzlast ausgestattet, konnten auch schwere Rüstwagen-Aufbauten wie diese realisiert werden.

Auch im Kommunalbereich war das ungewöhnliche TG-Modell vielfältig einsetzbar. Hier fungiert es als Geräteträger mit einem Leistikow Kanalspülgerät im Frontanbau und zugleich als Lkw mit einem 7000 Liter fassenden Wassertank auf der Ladepritsche.

ausstattungen noch weiter aufgerüstet werden. Es standen zum Beispiel der hydrostatische Fahrantrieb, die bekannten Nebenabtriebe, ein verstärktes Hydrauliksystem und vieles andere bereit. Dass dieses ungewöhnliche Unimog-Modell in seinem acht Jahre währenden Bauzeitraum dennoch nur 180-mal ausgeliefert werden konnte, wirft ein Schlaglicht auf den Zustand des Unimog-Markts im Umfeld der Jahrtausendwende.

Noch mehr Exoten

Die Jahre 1993 und 1994 markierten in der Geschichte der schweren Unimog-Baureihe 437 noch einmal einen Einschnitt. Vor dem Beginn des neuen Jahrtausends, das für den Klassiker tiefgreifende Veränderungen bereithalten sollte, die sich zum gegebenen Zeitprunkt noch niemand ausmalen konnte, wurde die Modellpalette einerseits bereinigt und andererseits weiter ergänzt. Zwar waren seit der im Frühjahr 1988 erfolgten Einführung der 437er erst fünf Jahre vergangen – ein für Unimog-Verhältnisse ziemlich kurzer Zeitraum –, aber manche lieferbaren Modelle der ersten Generation rollten bereits ihrem Bandablauf entgegen.

Notwendige Programmbereinigung

Von den Basismodellen mit dem kurzen Radstand von 2810 mm, die primär als Zugmaschinen und Geräteträger positioniert waren, überlebte keines das Jahr 1994. U 1700 und der erst Anfang 1992 dazugestoßene U 1800 wurden wieder aus dem Programm genommen. Von beiden waren in Summe gerade einmal gut 350 Exemplare gebaut und an Kunden ausgeliefert worden. Einzig die beiden bärenstarken Topmodelle U 2100 und U 2400 hielten sich mit dem Kurzradstand bis 2002, weil sie sich im Vergleich zu den schwächeren Versionen trotz höherer Einstandspreise deutlich besser verkauften. Bei den „50er“-Modellen mit dem auf 3250 mm verlängerten Radstand ereilten den U 1750 und den U 1850 ebenfalls das Schicksal eines vergleichsweise kurzen Bauzeitraums. Während die leistungsschwächere dieser beiden Versionen mit ihrem 170-PS/125-kW-Triebwerk im Lauf des Jahres 1994 auslief, hielt sich der Nachzügler mit dem 180 PS/132 kW-Antriebsaggregat kaum mehr als ein Jahr auf dem Markt. Nach seiner Einführung Anfang 1992 verschwand er bereits 1993 wieder aus dem Angebot – nach ganzen 75 gebauten Einheiten. Bessere Ergebnisse erzielten die kräftig motorisierten Spitzenmodelle U 2150 und U 2450 mit dem mittellangen Radstand: 1989 präsentiert, kam ihr Ende erst im Jahr 2002, nach weit über 700 gebauten Fahrzeugen.

Nachgefragt: die Geländegänger

Die mit der identischen Typenbezeichnung U 2150 und U 2450 und einem Radstand von 3850 mm gebauten Modellversionen verweilten als in kleinen Stückzahlen hergestellte Zugmaschinen und Geräteträger nur von 1991 bis 1993 im Programm. Mit denselben Eckdaten, aber als hochgeländegängige Fahrgestelle spezifiziert, mauserten sie sich unter den Bezeichnungen U 2150 L und U 2450 L mit nahezu 2000 von 1989 bis 2002 ausgelieferten Exemplaren jedoch zu einem beachtlichen Absatzerfolg.

Überhaupt verdeutlicht eine genauere Analyse der offiziell bekanntgegebenen Produktionszahlen der Baureihe 437, dass die „L“-Modelle, als insbesondere für das Tragen von Aufbauten prädestinierte Versionen, im Vergleich zu den anderen Repräsentanten der Angebotspalette am erfolgreichsten waren, und hohe Motorleistungen sich hier keineswegs als maßgeblich für das Erreichen guter Verkaufszahlen erwiesen. Die Kunden achteten bei der Bestellung ihrer Fahrzeuge wohl auf eine gute Balance zwischen tatsächlichem Einsatzprofil und Beschaffungs- sowie Unterhaltskosten. Nur so ist es zu erklären, dass

Der U 2400 TG auf einem seiner klassischen Betätigungsfelder: Mit Schneeräumschild und Feuchtsalz-Silostreugerät auf der Ladefläche war er im kommunalen Winterdienst eine Klasse für sich.

Dank überlegener Motorleistung und in Verbindung mit hinterer Zwillingsbereifung war die Traktion des voluminösesten und kräftigsten Kommunal-Unimog aller Zeiten nicht nur bei schwierigen Witterungsverhältnissen konkurrenzlos.

der nur 155 PS/114 kW starke U 1550 L mit weitem Abstand zum Stückzahlchampion avancierte. Von seinem Verkaufsstart im Mai 1988 bis zu seinem Auslauf im Jahr 2002 verließen rund 2400 Einheiten dieses Typs die Gaggenauer Fertigungsanlagen. Hinzu addierten sich knapp 1500 Exemplare des U 1550 L/37 mit dem Radstand von 3700 mm und noch einmal fast 570 Fahrzeuge des U 1550 L 37 (214), die mit der 214 PS/159 kW leistenden Version des OM 366 ausgestattet waren. Der Versuch, den U 1550 L unter Rückgriff auf den bereitstehenden Komponentenbaukasten zu einer wahren „Allzweckwaffe" zu machen, scheiterte allerdings. Weitere Modellvarianten, wie der U 1550 L/38 mit einem noch einmal auf 3850 mm verlängerten Radstand, der U 1550 L/45, der mit 4500 mm über den mit Abstand längsten Radstand aller 437er-Modelle verfügte, oder der U 1550 L (214), spielten in der Verkaufsstatistik quasi keine Rolle. Vom „L/38", der nur 1993 in den Verkaufslisten stand, wurden nur 36 und vom „L/45", der zwischen Herbst 1993 und 1997 zu haben war, lediglich 82 Exemplare hergestellt und ausgeliefert. Nur der mit dem 214-PS/157-kW-Triebwerk und mittellangem Radstand versehene U 1550 L (214) verzeichnete in seiner von 1990 bis 2002 reichenden Bauzeit mit fast 270 produzierten Fahrzeugen ein einigermaßen relevantes Verkaufsergebnis.

Kein Platz für Lückenfüller

Die restlichen angebotenen Varianten, der U 1350 L, der U 1750 L, der 1750 L/38, der U 1850 L sowie der U 1850 L/38 wurden bis spätestens 1994 aus dem Modellprogramm gestrichen. Von diesen erreichte nur der U 1750 L/38, der von Frühjahr 1988 bis 1994 verkauft wurde, mit über 480 Einheiten einigermaßen zufriedenstellende Verkaufszahlen. Bis auf das kleinste Modell, den U 1350 L, von dem ebenfalls zwischen 1988 und 1994 ganze 150 Fahrzeuge gebaut wurden, kamen sämtliche anderen nicht über niedrige zweistellige Stückzahlen hinaus.

Festhalten am Triebkopf

Wie immer ein Sonderfall waren die Triebkopfversionen, von denen es insgesamt drei unterschiedlich motorisierte gab. Den Anfang hatte im Sommer 1988, wie erwähnt, der U 1700 T gemacht, dem zu Beginn des Jahres 1992 die leistungsstärkeren Versionen U 1800 T und U 2100 T mit dem auf 180 PS/132 kW bzw. 214 PS/157 kW justierten OM 366 LA nachfolgten. Diese waren immerhin bis 2001 in Gaggenau bestellbar. Die muskulöseste Ausführung des

Diesel-Sechszylinders mit 240 PS/177 kW war übrigens nie für die Triebköpfe lieferbar. Angesichts der minimalen Absatzzahlen war das nicht verwunderlich: Von den drei Modellversionen wurden innerhalb eines sich über 13 Jahre erstreckenden Angebotszeitraums nicht mehr als 171 Exemplare in Kundenhand übergeben.

Historischer Moment

Bei allen sich fortsetzenden Problemen mit der Vermarktung insbesondere der großen Modelle, gab ein solches, ein U 1850 L, im Sommer 1994 dennoch Anlass für eine kurze Feierzeremonie. Eine gelb lackierte Doppelkabinenausführung rollte als 300.000ster im Daimler-Benz Werk Gaggenau gefertigter Unimog vom Band. Das Jubiläumsfahrzeug war Ausdruck der Hoffnung, dass mit dem sich nähernden neuen Jahrtausend es auch für den Klassiker wieder aufwärts gehen würde – schließlich waren die Kapazitäten am Traditionsstandort alles andere als ausgelastet.

Offenbar außer Dienst gestellt, wartet dieser TG auf dem Hof eines Mercedes-Benz Händlers auf neue Aufgaben. Eine Besonderheit ist die Ausrüstung für den Zweiwegebetrieb, erkennbar an den Führungsrollen hinter den Achsen und den schmalen Spezialreifen.

Der normal mit 155 PS/114 kW motorisierte U 1550 L wurde zum mit weitem Abstand beliebtesten Modell der Baureihe 437. Unter anderem entschieden sich zahlreiche Orts- und Privatfeuerwehren, wie hier am Flughafen Linz, für diesen besonders harmonischen Typ.

Überarbeitete Angebotsstruktur

Dass sich das Modellprogramm der schweren Baureihe 437 nach dem Jahr 1994 erkennbar ausgedünnt präsentierte, war aus unternehmerischer Sicht schlichtweg eine Notwendigkeit. Neben den oben erwähnten, in Kleinstauflagen produzierten Triebköpfen, dem erst anderthalb Jahre zuvor auf den Markt gekommenen Spezialmodell U 2400 TG sowie dem ebenfalls speziellen extralangen U 1550 L/45 waren zum Jahreswechsel 1994/95 damit nur noch die absatzstarken Modelle U 2100 und U 2400, U 2150 und U 2450, U 2150 L und U 2450 L, U 1550 L und U 1550 L (214) sowie U 1550 L/37 und U 1550 L/37 (214) erhältlich. Wer wollte, konnte darin eine Schwächung des Unimog an sich erkennen, aber vor dem Hintergrund der seit 1992 erneuerten leichten Klasse mit der fast schon radikal verjüngten Baureihe 408 schlug man in Stuttgart und Gaggenau damit die exakt richtige Strategie für die schweren Modelle ein. Das Fahrzeugangebot war hier nun klarer und strukturierter als jemals zuvor. Und es gab 1995 sogar noch einen Neuzugang, der alles Bisherige in den Schatten stellte.

Auch als Zweiwegefahrzeug – in diesem Fall mit ungewöhnlichem Reibrollenantrieb – in Diensten der Bahn war der Unimog unentbehrlich, insbesondere wenn er Spezialaufgaben erledigen musste. Hier ist er mit Abflämmvorrichtungen zur Unkrautbekämpfung am Gleis ausgestattet.

Der mit dem kurzen 2810-mm-Radstand versehene U 1700 gehörte zu jenen Modellen, die bei der Programmbereinigung der Jahre 1993/94 aus dem Angebot gestrichen wurden. Dabei hatte er sich mit über 300 ausgelieferten Exemplaren noch recht gut geschlagen.

Die Dreiachser-Premiere

Die Typenbezeichnung U 2450 L allein ließ niemanden aufhorchen, aber der Zusatz „6 x 6“ wies auf eine echte Sensation hin, denn ein Serien-Unimog mit drei Achsen und sechs angetriebenen Rädern war eine spektakuläre Innovation in der Welt des Multifunktions-Champions. Wobei man aber folgendes berücksichtigen musste: Die Multifunktionalität des Dreiachsers beschränkte sich vor allem auf die Erledigung verschiedenster Zugaufgaben, das Tragen schwerer Aufbauten sowie anspruchsvolle Bergungseinsätze, und das alles kombiniert mit noch einmal gesteigerter Geländegängigkeit. Als klassischer Geräteträger im Kommunaldienst oder gar in der Landwirtschaft, wie die bisherigen Unimog-Modelle, war die 6 x 6-Version dagegen kaum mehr nutzbringend einzusetzen. So war es nur folgerichtig, dass Daimler-Benz den Neuen auf einer Messe für Feuerwehrausrüstung im südfranzösischen Montpellier erstmals der Öffentlichkeit zeigte.

Auf Anhieb erfolgreich

Die Radstandmaße des Sechsradlers betrugen 3900 mm bis zur ersten und weitere 1400 mm bis zur zweiten Hinterachse. Mit einer Gesamtlänge von 7580 mm bei einem bis zu 4600 mm messenden Aufbau war der 6 x 6 ein gewaltiges Trumm, das allerdings trotz des zweiten Hinterachsaggregats fast anderthalb Tonnen weniger Leergewicht auf die Waage brachte als der U 2400 TG, der auch in puncto Hinterachslast mit seiner Zwillingsbereifung die Nase deutlich vorne hatte. Ebenso wenig stellte der Dreiachser mit äußerstenfalls 18 Tonnen bei der maximalen Anhängelast neue Rekorde auf. Dennoch begeisterte die Kombination aus nie dagewesener Allradtraktion, dem 240-PS/177-kW-Triebwerk und Unimog-typischer Beweglichkeit auf befestigtem und unbefestigtem Untergrund auf Anhieb zahlreiche Interessenten. Trotz eines Brutto-Listenpreises von über 245.000,- DM orderten schon zu Beginn weit über 150 Kunden den neuen Dreiachser.

Begrenzte Zielmärkte

Zu den Kundenkreisen, die man mit dem neuen „Über-Unimog“ anvisierte, gehörten natürlich große Feuerwehren, insbesondere solche, deren Einsatzgebiete sich auch auf unwegsames Gelände erstreckten, Katastrophenschutzbehörden und – wenngleich man es von Seiten Daimler-Benz wie üblich vermied, dies explizit herauszustellen – das Militär. Hier rechnete man zwar nicht mit groß angelegten Beschaffungsaktionen, da der 6 x 6 wegen seiner Spezifikationen und des hohen Preises nicht als Basisausstattung in Frage kam, doch konnte man sich – zumindest potenziell – für den Dreiachser als Hochleistungs-Multifunktionsfahrzeug hier zahlreiche Einsatzmöglichkeiten im militärischen Bereich vorstellen. Bekannt geworden ist beispielsweise die Bestellung eines größeren Fahrzeugkontingents durch die australische Armee, die den U 2450 L 6 x 6 mit einer Bergeausrüstung konfigurierte.

Freude und Stolz trotz schwieriger Zeiten: Im Juli 1994 lief der 300.000ste Unimog im Werk Gaggenau vom Band. Bei dem Jubiläumsfahrzeug handelte es sich um einen U 1850 L in seltener Doppelkabinen-Ausführung.

An der Schwelle zur Zeitenwende

Unaufhaltsam näherte sich das neue Jahrtausend, aber was auch immer man in Gaggenau anpackte, nichts schien wirklich nachhaltig erfolgreich zu sein. Insgesamt waren die 1990er-Jahre geprägt von neuen Rahmenbedingungen, die sich nicht gerade zum Vorteil des Unimog entwickelten. Sichere Umsatzbringer wie die hochgeländegängigen Militärversionen brachen weg, da man weder bei den einheimischen noch bei internationalen Streitkräften im Zeichen der globalen Entspannung willig war, Budgets für die Beschaffung solcher Fahrzeuge bereitzustellen. Da halfen auch keine unternehmensseitig ergriffenen Initiativen mit entsprechenden, auf eigene Kappe entwickelten Fahrzeugen, wie der Reinfall mit dem Unimog 418 in Militärausführung zur Mitte der Dekade unter Beweis stellte.

Nur ganz wenige Privatleute waren in der Lage, sich ein solches als Expeditionsfahrzeug spezifiziertes 6 x 6-Modell zu leisten. Allein für das Basisfahrgestell wurde bereits eine Viertelmillion D-Mark fällig – ganz zu schweigen von den Kosten für solch aufwendige Wohnkofferaufbauten.

Mit dem U 2450 L 6 x 6 präsentierte man den ersten serienmäßigen Unimog auf Dreiachs-Fahrgestell. Dass dieses Werksbild eine Militärausführung zeigt, war kein Zufall, denn die Eigenschaften des „Über-Unimog" sollten nicht zuletzt die entsprechenden Beschaffungsstellen beeindrucken.

Wenig Fortüne

Ein ähnlicher Rückschlag war 1990/91 der Ausstieg von Partner Klöckner-Humboldt-Deutz aus dem Nachfolgeprojekt für die Multifunktionsschlepper-Baureihe MB-trac gewesen. Diese hatte sich insgesamt erfolgreich am Markt etabliert und die Schwächen des klassischen Unimog in manchen Bereichen der landwirtschaftlichen Verwendung vergessen lassen, obwohl sie in erheblichem Umfang auf dessen technische Basis zurückgriff. Der Verzicht auf ein Nachfolgemodell bedeutete für Gaggenau einen nicht geringen Umsatzverlust, den die traditionellen Unimog-Baureihen nicht kompensieren konnten. In ähnlicher Weise war die zum Teil selbstverschuldete Insolvenz des im Schwarzwald-Kurort St. Blasien ansässigen Zusatzgeräteherstellers Schmidt GmbH ein herber Schlag. Das Unternehmen war als wichtigster Akteur seiner Branche und jahrzehntelanger Entwicklungspartner von Unimog nach Managementfehlern und massiven Umsatzeinbrüchen in Schieflage geraten und fiel während der langwierigen Investorensuche ebenfalls als schlagkräftiger Partner vorerst aus.

Drängende Strukturprobleme

Flankiert von ohnehin rückläufigen Absatzzahlen, auf die man immer wieder durch eine – allerdings nicht immer konsequente – Straffung des Angebotsprogramms zu reagieren versuchte, führten die genannten Entwicklungen zu stetig massiver werdenden Überkapazitäten am Traditionsstandort Gaggenau. Die dortigen Produktionsanlagen waren zum Beginn des letzten Jahrzehnts des 20. Jahrhunderts auf einen Ausstoß von etwa 10.000 Fahrzeugen pro Jahr ausgelegt. Dass dieser Zustand unter betriebswirtschaftlichen Gesichtspunkten erhebliche Sprengkraft in sich barg, war allen Verantwortlichen, aber auch der stark mit dem Unimog verbundenen Belegschaft in Gaggenau klar.

Wie dieser Schnappschuss von der brasilianischen Marine zeigt, wurde der U 2460 L 6 x 6 auch hier eingesetzt. Ähnlich wie im Fall der australischen Streitkräfte standen für den Dreiachser Aufgaben der Fahrzeugbergung im Vordergrund.

Neue Initiativen

Um gegenzusteuern, hatte man bei Daimler-Benz schon früh in den 90er-Jahren eine Reihe von Gegenmaßnahmen ergriffen. Hierbei dokterte man nicht an einzelnen Symptomen herum, sondern wählte einen breiten Ansatz, um dauerhafte Wirkung zu erzielen und nicht nur den Unimog, sondern den gesamten Standort zu sichern. Im Mittelpunkt der Maßnahmen stand zum einen eine Kapazitätsreduzierung auf maximal 4000 Fahrzeuge pro Jahr, die in erheblichem Maß durch eine deutliche Reduzierung der Fertigungstiefe und mithin eine vermehrte Verwendung von Zulieferteilen begleitet werden sollte. Zum anderen sollten durch eine umfassende datengestützte Optimierung der Steuerungsprozesse in der internen Kommunikation wie in den Produktionsabläufen wesentliche Effizienzfortschritte und damit Kostenvorteile erzielt werden. Beides versprach man sich auch von der Einführung einer formalisierten Systempartnerschaft mit den externen An- und Aufbaugeräteherstellern. Sie sollte unter anderem durch Zertifizierungsmaßnahmen Ordnung in den vorhandenen Wildwuchs bringen, von der sowohl der Produktbereich Unimog wie die Zusatzgeräte-Spezialisten profitierten. Ziel der Umsetzung dieser und weiterer Maßnahmen war, dass der Unimog-Bereich sich primär auf die Weiterentwicklung des Fahrzeugs sowie dessen Fertigung unter verstärktem Rückgriff auf Zulieferteile konzentrierte. Weiterhin sollten von Gaggenau aus Marketing, Vertrieb wie auch der Service auf allen Märkten gesteuert werden. Zudem wollte man alle Strukturen aus der gewissen Fixierung auf Bestellungen aus dem militärischen Bereich lösen und sich stattdessen konsequent auf die Bedienung des Zivilmarkts konzentrieren.

Im weiteren Verlauf der 1990er-Jahre wurden die genannten Maßnahmen bestmöglich umgesetzt, wenn sich auch die Marktlage nicht verbesserte und die Verkaufszahlen nur punktuell zufriedenstellen konnten. Dennoch halfen die getroffenen Initiativen dabei, den wirtschaftlichen Druck auf den Standort im Nordschwarzwald etwas zu reduzieren. Dass man trotz aller Bemühungen trotzdem nicht vor teuren Fehlentscheidungen gefeit war, zeigte das Schicksal des kompakten Kommunalfahrzeugs Unimog UX 100, das in bester Absicht konzipiert, entwickelt und 1996 auf den Markt gebracht worden war, sich aber letztlich schon nach kurzer Zeit als Flop herausstellte, weil es zu teuer war und sich nicht im erwarteten Maß gegen seine Wettbewerber durchsetzen konnte.

Es ging aber auch martialischer: Der 6 x 6 fungierte auch als Trägerfahrzeug der in Frankreich entwickelten selbstfahrenden Haubitze namens CAESAR. Das Artilleriesystem wurde in den 1990er-Jahren in einer Reihe von Armeen eingeführt.

Ein unkalkulierbarer Faktor

Die Stimmungslage in Gaggenau war zum Ende des alten Jahrtausends also ziemlich gedrückt, und auch die Geburt des DaimlerChrysler-Konzerns sorgte in psychologischer Hinsicht vor Ort nicht gerade für Zuversicht. Mit solch tiefgreifenden Veränderungen konnte man sich an der ältesten, das heißt geschichtsträchtigsten Produktionsstätte des Unternehmens, in der zudem eines seiner traditionsreichsten Produkte hergestellt wurde, nur schwer anfreunden. Niemand konnte prognostizieren, wie und mit welchen Konsequenzen sich eine solche Strukturveränderung auswirken würde. Viel Zeit verging dann tatsächlich nicht, bis über das fusionierte Unternehmen, das seine operative Tätigkeit im November 1998 aufgenommen hatte, erste Negativmeldungen in der Medienlandschaft auftauchten. Der Fokus lag hier natürlich auf dem Pkw-Geschäft, das sich, wie anderswo auch, im grellen Scheinwerferlicht abspielte. Besondere Brisanz bekam das Thema der deutsch-amerikanischen Fusion aber deshalb, weil die bisherige Daimler-Benz AG unbestritten zu den absoluten Ikonen unter den deutschen Großunternehmen gehörte und zahlreiche Medienvertreter hier sehr intensiv herauszufinden versuchten, was sich hinter den Kulissen tatsächlich abspielte.

Ungute Entwicklung

Was man da hörte, war wenig erbaulich. Es hieß, dass die Unternehmenskulturen mit einer gewissen Wucht aufeinandergeprallt waren: Hier die akribischen, effizienzversessenen, humorlosen Deutschen, die sich zudem als Herr im Haus gaben, und dort die recht hemdsärmeligen Amerikaner, die gewohnt waren, ihre Ziele auf etwas andere Weise zu erreichen und sich mit solchermaßen auftretenden Partnern nur schwer arrangieren konnten. Statt die im Vorfeld vielbeschworenen Synergieeffekte zu heben, arbeitete man auf vielen Ebenen und nicht zuletzt im Entwicklungsbereich eher gegen- als miteinander. Es war unter diesen Umständen nicht verwunderlich, dass auch der wirtschaftliche Erfolg des fusionierten Unternehmens ausblieb. Es sammelten sich vor allem in der Zeit nach der Jahrtausendwende und begleitet von einem konjunkturell schwierigen Umfeld, hohe Milliardendefizite an, die die Position von DaimlerChrysler deutlich schwächten. Und genau hierin sah man in Gaggenau, wo man seit einiger Zeit mit genug eigenen Problemen zu kämpfen hatte, eine Gefahr.

Die im Mai 1998 zwischen den Vorstandsvorsitzenden von Daimler-Benz und der Chrysler Corporation, Jürgen Schrempp (links) und Robert Eaton (rechts), besiegelte Fusion zur DaimlerChrysler AG barg für Gaggenau manche Unsicherheit.

Kein überzeugendes Programm

Wie real diese war, zeigte ein Blick auf das lieferbare Unimog-Modellprogramm, wie es sich Ende 1999 darstellte. Schon seit zwölf Jahren standen die Fahrzeuge der Baureihe 427 in der Preisliste. Seit Januar 1988 waren der U 1400 und der U 1600 als mit kurzem Radstand versehene Zug- und Arbeitsmaschinen sowie deren Schwestermodelle mit langem Radstand U 1450 und U 1650 lieferbar. Hinzu kamen die hochgeländegängigen Modelle U 1250 L, U 1450 L und U 1650 L. Ab Jahresbeginn 1992 ergänzten dann die bisher am stärksten motorisierten Unimog-Typen U 1600 (214), U 1650 (214) sowie U 1650 L (214) das Angebot. Als Dauerbrenner erwiesen sich auch die beiden Triebkopfvarianten der Baureihe 427, der U 1200 T und der U 1400 T, die über den Jahrtausendwechsel hinaus erst einmal verfügbar blieben. Mit dieser nicht kleinen Palette, die im Wesentlichen Modelle enthielt, die sich über die Jahre als vergleichsweise verkaufsstark erwiesen hatten, deckte Gaggenau das untere Segment innerhalb der Schweren Baureihe ab. Das Problem war nur, dass es immer höheren Aufwand erforderte, diese Fahrzeuge in Zeiten sich beschleunigenden Wandels technisch auf den aktuellsten Stand zu halten oder zu bringen.

Die traditionsreiche Unimog-Fertigungsstätte im Nordschwarzwald hatte in den 1990er-Jahren vor allem mit Überkapazitäten und optimierungswürdiger Effizienz vieler Abläufe zu kämpfen. Trotz zahlreicher Gegenmaßnahmen waren weitere Verbesserungen unerlässlich.

Die mit kurzem Radstand versehenen Geräteträger der Baureihe 427, wie dieser U 1400, gehörten zu den erfolgreichsten Modellen der Schweren Klasse und befanden sich auch zur Jahrtausendwende noch im Programm.

Viele Modelle, kaum Neues

Das obere, sprich: das absolute Topsegment stellte auch an der Schwelle zum Jahr 2000 noch die Baureihe 437 dar. Sie war ein knappes halbes Jahr später als die 427er, im Mai 1988, auf den Markt gekommen. Einziges Ende 1999 noch im Angebot befindliches Modell aus der Frühzeit war der U 1550 L, der zugleich mit weitem Abstand zum Bestseller der Baureihe avanciert war. Ihm folgte, nur um einen Monat weniger lange im Angebot, der U 1550 L/37 mit um 450 mm verlängertem Radstand. Von der Flut der Neuvorstellungen im Jahr 1989 hatten sich die meisten bis zur Jahrtausendwende im Programm behaupten können: Die Kraftprotze U 2100 und U 2400 samt ihren Brüdern U 2150 und U 2450, die hochgeländegängigen U 2150 L und U 2450 L sowie der U 1550 L/37 (214). Für noch größere Vielfalt in der aktuellen Palette sorgten der 1990 vorgestellte U 1550 L (214) sowie – neben den Anfang 1992 eingeführten Triebköpfen U 1800 T und U 2100 T – die beiden spektakulären Spezialmodelle U 2400 TG und U 2450 L 6 x 6, die 1993 bzw. erst 1995 das Programm der Baureihe 437 am oberen Ende komplettiert hatten. Nach der bereits 1998 wieder aus dem Angebot verschwundenen Baureihe 418, die nach ursprünglichen Plänen so etwas wie die Unimog-Mittelklasse darstellen sollte, blieben die Einstiegsmodelle der Baureihe 408 letztlich die einzigen wirklich modern konzipierten Fahrzeuge in der Preisliste.

Die absolute Spitzenbaureihe 437 glänzte unter anderem mit neuen Höchstleistungen bei der Motorisierung und zahlreichen Modellvarianten. Viele von diesen hielten sich aber nicht lange im Programm. In der Landwirtschaft waren die großen und teuren 437er kaum gefragt.

Schon nach wenigen Jahren mussten die neuen kompakten Unimog-Baureihen Federn lassen. Obwohl technisch nichts gegen sie vorzubringen war, konnte sich das Kaufpublikum nur schwer mit ihnen anfreunden. Einzig die 408er waren Ende 1999 noch lieferbar.

Eins vor zwölf

Für jeden Interessierten oder potenziellen Kunden war klar erkennbar, dass es der Unimog-Palette zu Beginn des 21. Jahrhunderts an der nötigen Struktur und Ausgewogenheit fehlte. Bei Licht betrachtet, schien sogar das komplette Geschäftsmodell des Unimog in Frage zu stehen. Es klaffte in der mittleren Leistungs- und Gewichtsklasse seit zwei Jahren eine Lücke, und das Experiment, mit dem UX 100 in neue Geschäftsfelder vorzudringen, war krachend gescheitert. Dass sich dies alles vor dem Hintergrund einer ohnehin seit längerem schwierigen Absatzsituation noch stärker negativ auswirken würde, lag auf der Hand. Mit anderen Worten: In Gaggenau – und nicht nur dort – leuchtete die Alarmstufe Rot.

Ohne den kontroversen Sichtkanal, wie er im Bild oben rechts auf der Motorhaube zu erkennen ist, war dieser U 100 L mit Feuerwehraufbau in der Frontansicht ein durchaus harmonisch gestaltetes Fahrzeug. Innerhalb der Baureihe 408 fristete diese etwas schwach motorisierte Modellversion aber ein Schattendasein.

Mit ein paar Kennzahlen ließ sich die kritische Situation beschreiben: Per Ende 1999 musste die selbständige Unimog-Vertriebsabteilung eine Gesamtverkaufszahl von nur rund 2200 Fahrzeugen hinnehmen – dass entsprach gerade einmal 20 % dessen, was man in den goldenen Unimog-Zeiten an Fahrzeugen hatte absetzen können. Wollte man sich im neuen Jahrtausend aus der in mehrfacher Hinsicht verfahrenen Situation herausmanövrieren, halfen keine halbherzigen Maßnahmen mehr. Jetzt konnte in Sachen Unimog nur noch ein vollständiger Reset neue Perspektiven bringen, kurz: Der Unimog musste in nahezu allen seinen Aspekten neu gedacht werden, und dabei durfte es keine Tabus geben.

Die komplette Baureihe 418, die das mittlere Unimog-Segment repräsentieren sollte, erlebte den Anbruch des 21. Jahrhunderts nicht mehr. Nach gerade einmal sechs Jahren Marktpräsenz kam bereits das Ende.

Nichts schien Gaggenau ausgangs der 1990er-Dekade zu gelingen: Auch die Strategie, unter dem Namen Unimog den Produktkatalog mit einem reinen Kommunalfahrzeug namens UX 100 zu erweitern, wurde nach nur zwei Jahren wieder aufgegeben.

Kapitel 5
Unimog 405: Druck auf die Reset-Taste

Mit der Jahrtausendwende begann auch für den Unimog eine neue Zeitrechnung. Wenn die Verantwortlichen nun auf die Herausforderungen des Marktes nicht umfassend reagierten, bestand die Gefahr, dass die Zukunft des Klassikers – zumal unter den Bedingungen des neuformierten DaimlerChrysler-Konzerns – ernsthaft in Frage stand.

Besonders krass stellte sich die Absatzsituation in der Land- und Forstwirtschaft dar. Hier gab es inzwischen kaum mehr Kaufinteressenten für das kultige, aber auch kostspielige Fahrzeug, das einmal begeistert als Alleskönner gefeiert worden war. Auf dem Acker hatten ihm selbstfahrende Spezialgeräte längst den Rang abgelaufen, was die Arbeitseffizienz und mithin die Kosten/Nutzen-Bilanz anbelangte. Von der Vielfalt der Anwendungsmöglichkeiten beschränkten sich die Unimog-Nutzer zumeist auf höchstens zwei – mehr war einfach nicht nötig, und auch die bespiellose Geländefähigkeit des Klassikers spielte im landwirtschaftlichen Arbeitsalltag kaum mehr eine Rolle. Die Ackerschlepper mit ihren komfortablen, beste Übersicht bietenden Kabinen und ihrer umfassenden technischen Ausstattung hatten den Unimog in seinem ehemaligen Kernsegment schlichtweg rechts überholt – von einer Überlegenheit des Gaggenauers, auch in puncto Flexibilität, war nichts mehr zu spüren. Nicht einmal mehr mit seiner Straßentauglichkeit für Transport- oder Transferaufgaben konnte der Unimog punkten: Die normalen Schlepper waren inzwischen auch in der Lage, mindestens 50 km/h schnell unterwegs zu sein – genug für die meisten Arbeitseinsätze.

Für den Unimog gab es zur Jahrtausendwende nur eine Option: sich selbst und das Modellprogramm mutig und zukunftsorientiert neu aufzustellen. Die Fahrzeuge der im Frühjahr 2000 vorgestellten Baureihe 405 lösten genau dies ein.

Für die neu entwickelten Fahrzeuge galt es, sich vom traditionellen „Alleskönner"-Credo zu verabschieden. So sollten die 405er nur noch über Geländefähigkeiten verfügen, die beim Großteil der Einsatzprofile auch tatsächlich abgefordert wurden.

Ein neuer Ansatz

Illusionslose Bestandsaufnahmen dieser Art dürften auch bei den für den Unimog Verantwortlichen in Stuttgart und Gaggenau stattgefunden und die Überzeugung hervorgerufen haben, dass die Epoche des klassischen Unimog-Konzepts unwiderruflich der Vergangenheit angehörte. Neue, zukunftsträchtige Lösungen für das legendäre Unikum waren gefragt, und so begann das neue Jahrtausend mit einem Paukenschlag. Mit den im April 2000 vorgestellten Fahrzeugen der neuen Baureihe 405 wurde der Grundstein für eine veränderte, an die aktuellen und künftigen Markterfordernisse adaptierte Baureihenstruktur gelegt. Statt, wie bisher, in jeder einzelnen Baureihe sowohl als Arbeits- und Zugmaschine wie auch als hochgeländegängiges Fahrgestell ausgeführte Modelle anzubieten, sollten diese beiden Entwicklungsstränge nun voneinander getrennt weitergeführt werden. Das hieß konkret: Einerseits sollte der neue Geräteträger nicht mehr über die exemplarischen Geländefähigkeiten seiner Vorgänger verfügen, und die hochgeländegängigen Fahrzeuge sollten andererseits nicht mehr so auf Multifunktionalität ausgerichtet sein, wie zuvor. Kurzum: Der zeittypische Trend zur Spezialisierung hatte nun auch den Unimog erfasst.

„Alles" ist zu viel

Während bei den noch im Programm befindlichen Modellen der inzwischen angejahrten Baureihen 427 und 437 sowie der noch relativ jungen, aber eher ungeliebten Baureihe 408 zumindest vorerst noch alles beim Alten blieb, repräsentierten die Fahrzeuge der Baureihe 405 erstmals den Entwicklungsstrang Geräteträger, dessen technische Konfiguration sich nun dank der klaren Fokussierung auf eine Verwendung in Kommunen, Gewerbebetrieben und der Industrie teilweise neu zugeschnitten zeigte. Dies bedeutete nichts anderes als das Ende des Jahrzehnte alten „Alleskönner"-Mythos und die Hinwendung zur Realität in einem immer herausfordernder werdenden Umfeld. Den Entwicklern in Gaggenau half diese Strategie in mehrfacher Hinsicht: Sie konnten sich nun zum einen voll auf jene Talente des Unimog konzentrieren, die im Zusammenhang mit einer weiteren Steigerung seiner Kompetenz als Geräteträger zusätzlich geschärft werden mussten. Zum anderen war es ihnen jetzt möglich, bestimmte, nicht mehr ganz prioritäre Fahrzeugeigenschaften nachrangig ins Lastenhefts zu stellen.

Bedarfsgerechte Technik

Beim neuen 405er resultierte dies beispielsweise in einer weniger extrem ausgeprägten Offroad-Fähigkeit, da es hierauf bei einem Geräteträger kaum mehr ankam. Zwar waren wesentliche konstruktive Elemente der klassischen Unimog-Zeit, wie der Allradantrieb, die Portalachsen, die Radvorgelege und die langhubig arbeitenden Schraubenfedern, unverändert vorhanden, doch war nun statt des jeweils der Vorder- und Hinterachse zugewiesenen Sperrdifferenzials nur noch ein einziges Längssperrdifferenzial vorhanden, und auch die Rahmenkonstruktion wurde vor diesem Hintergrund vereinfacht. Im Gegenzug wurde das Fahrwerk mit besseren, das heißt präziseren Fahreigenschaften für den Straßeneinsatz ausgestattet.

Unmittelbarer Blickfang war die komplett neu konstruierte Fahrerkabine mit ihren ungewöhnlichen Proportionen. Als besonders praxistauglich erwies sich die Kombination aus riesiger, tief heruntergezogener Frontscheibe und extrem kurzem Vorbau.

Supermodern und superübersichtlich waren Armaturentafel, Instrumentenblock und Bedienelemente ausgelegt. Die breite Mittelkonsole beherbergte nur noch zwei kurze Schalthebel: links der für das Getriebe, rechts der für das Hydrauliksystem.

Der Aufstieg in die hoch liegende Kabine erfolgte über mehrere Trittstufen. Innen wurden die Unimog-Nutzer mit üppigen Platzverhältnissen und einem ungewohnt luftigen Raumgefühl verwöhnt.

Die als Sonderausstattung lieferbare Wechsellenkung „VarioPilot", die zuvor bereits für den gescheiterten UX 100 verfügbar war, gab den Fahrzeugen der neuen 405er-Baureihe eine Alleinstellung auf dem Markt.

Ziel: Kostenreduktion

Auch im Hinblick auf effizientere und rationellere Produktionsprozesse mit reduzierter Fertigungstiefe tat sich einiges: Die 405er konnten nur noch durch Zulieferer aus dem Kreis der Gerätepartner mit Front- und/oder Heckkraftheber sowie einem hinteren Zapfwellenabtrieb versorgt werden. Und antriebseitig stellte die neue Motorengeneration OM 904/906 den ersten entscheidenden Schritt auf dem Weg nicht nur zu einer Modernisierung, sondern auch zu einer Standardisierung des Triebwerksangebots für den Unimog dar.

Stilistische Glanzleistung

Und dann war da noch das Fahrerhaus, das auf den ersten Blick als absolutes Highlight der neuen 405er identifizierbar war. Waren schon die Kabinen von 427 und 437 in ihrer Stilistik und Praxistauglichkeit beispielgebend gewesen, so katapultierte die neue Kabine den Unimog allein schon ins 21. Jahrhundert. Aus jedem Betrachtungswinkel musste man den Gestaltern attestieren, dass es ihnen nicht an Mut gefehlt hatte, alte Zöpfe abzuschneiden und innovative Linien zu verwirklichen. Diese waren zwar in jeder Hinsicht auf optimalen Praxisnutzen abgestimmt, aber dennoch durch den erkennbaren Willen zur Schaffung einer individuellen Formensprache charakterisiert, wie es ihn seit drei Jahrzehnten beim Unimog nicht mehr gegeben hatte.

Neue Proportionen

Das begann mit der riesigen Windschutzscheibe, die leicht gewölbt und so tief wie nie zuvor heruntergezogen war. Damit ergab sich gleichermaßen eine vorbildliche Sicht auf die Straße wie auf frontseitig montierte Anbaugeräte. Auch die Seitenfenster präsentierten sich im vorderen Bereich bis auf die Unterkante der Windschutzscheibe heruntergezogen. Das kam dem Blick aus der Kabine ebenfalls sehr zugute, sodass man insgesamt auf Hilfslösungen wie den berüchtigten Sichttunnel der Baureihen 408 und 418 verzichten musste. Die gewaltig dimensionierte Frontscheibe bestimmte auch die Gesamtproportionen der Kabine, denn wegen der dadurch besonders tiefliegenden Hüftlinie musste für die traditionelle Kurzhauber-Ausle-

Besaß ein Fahrzeug die „VarioPilot"-Lenkung, konnte die Bedieneinheit der Hydraulikanlage aus der Mittelkonsole herausgenommen und mit Hilfe einer Kabelverbindung ebenfalls beweglich ausgeführt werden.

Insbesondere für Kommunaleinsätze am oder jenseits des Fahrbahnrands war die aufwendige Wechsellenkung eine ideale Lösung, da sie dank bester Übersicht eine hohe Arbeitspräzision ermöglichte.

gung des Unimog ebenfalls eine neue Lösung gefunden werden – nicht nur in stilistischer Hinsicht, sondern auch, was den Platz für den Motor und dessen Nebenaggregate anging. Hier gelang den Designern ein wahres Meisterstück, denn obwohl der Vorbau betont kurz ausfiel und damit wenig Raum für individuelle Formgebung verblieb, kam der neue 405er mit einer plastisch konturierten kurzen Motorhaube, die sogar von einer leicht nach innen gezogenen Kühlerverkleidung geschmückt wurde. In Lamellenoptik gehalten und mit einem großen Mercedes-Stern versehen, nahm sie deutliche Anleihen am Pkw-Bau von Mercedes-Benz. Seinerzeit zeigten die aktuellen Mittelklasse-Baureihen C- und E-Klasse ganz ähnlich gestaltete Kühlerverkleidungen.

Blinker als Stilmittel

Eine weitere augenfällige Besonderheit der Fahrerhausgestaltung waren die beiden großflächigen Blinker an beiden unteren Ecken der geradezu stummeligen Motorhaube. Diese wurden durch zwei seitliche Blinkleuchten ergänzt, die jeweils über den Radläufen platziert waren. Hinzu kamen noch zwei hochgelegte Seitenblinker, wie sie der Gesetzgeber neuerdings vorschrieb. Während diese im Pkw üblicherweise in die Außenspiegelgehäuse integriert waren, bildeten sie am Unimog nun mit den serienmäßigen runden Zusatzscheinwerfern, die jeweils am unteren Ende der A-Säule positioniert waren, eine Baueinheit. Die Hauptscheinwerfer waren, wie es schon seit geraumer Zeit übliche Praxis am Unimog war, weit außen und leicht versenkt in den massiven vorderen Stoßfänger integriert. Dieser war nun allerdings nicht mehr komplett gerade, sondern – ein Novum – an beiden Seiten leicht gebogen ausgeführt.

Auch an den Fahrzeugen der Baureihe 405 waren die Bordwände der serienmäßigen Pritsche klappbar ausgeführt. Auf diesem Bild ist zudem das Blinkerarrangement gut zu erkennen: Die großformatigen Hauptblinkleuchten waren dabei ein wichtiges Gestaltungselement.

Einer, den man mag

Durch die riesige Windschutzscheibe und die ausgeprägte Kurzhaube entstand eine ungewöhnliche Proportionierung der Kabine, deren Erscheinungsbild nicht im eigentlichen Sinn als elegant oder gar hübsch bezeichnet werden konnte. Dennoch besaß sie fraglos eine Ausstrahlung: Mit ihrer eigenständigen Ästhetik und stämmigen Breitbeinigkeit verlieh sie dem neuen Super-Unimog Kompetenz und Modernität. Vor allem aber machte sie den 405er zu einem Arbeitsgerät, das bei seinen Anwendern auf Anhieb Sympathie auslöste – ein am Ende nicht zu unterschätzender emotionaler Faktor, der schon bei den Vorgängerbaureihen 425 und 435 bzw. 427 und 437 positiv zum Tragen gekommen war.

Es war kaum überraschend, dass der erste Unimog des 21. Jahrhunderts vor allem mit Blick auf Kundenkreise aus den Kommunen konzipiert worden war. Hier gab es den meisten Bedarf für einen hochwertigen, leistungsfähigen Geräteträger.

Die Kunststoff-Kabine des neuen Unimog 405 war keine wirkliche Premiere in Gaggenau. In der Fertigung hatte man dort bereits mit dem – wenn auch viel kleineren –, ebenso aus Kunststoffmaterial bestehenden Fahrerhaus des UX Erfahrung sammeln können.

Epochemachendes Interieur

Jenseits aller Äußerlichkeiten punktete das neue Fahrerhaus natürlich vor allem mit inneren Werten. Dazu gehörte an erster Stelle ein im Vergleich zu bisherigen Modellen ähnlicher Größenordnung um 50 % vergrößertes Raumvolumen. Dies resultierte nicht nur in einem wesentlich größeren Platzangebot, sondern vor allem in einem besonders luftigen Raumgefühl. Das Interieur selbst stand der Außenoptik in der Modernität seiner Gestaltung in nichts nach. Viele Betrachter fühlten sich, was Designanspruch, Ausführung und verwendete Materialien anging, eher an eine Mixtur aus Pkw- und Transporter-Innenraum erinnert. Alles war sachlich, geradlinig und praxisorientiert gehalten. Hochwertige Materialien sorgten für standesgemäße Robustheit und Langlebigkeit. Wer die Kabine erklommen und auf dem ergonomisch geformten, luftgefederten Fahrersitz Platz genommen hatte, mochte – insbesondere, wenn er die alten Unimog-Modelle kannte – kaum glauben, in einer Arbeitsmaschine zu sitzen.

Leichte Bedienung im Fokus

Angesichts der für das Fahrpersonal zur Verfügung stehenden Bewegungsfreiheit störte der groß dimensionierte Mitteltunnel, der die Sitze voneinander trennte, nicht. Auf ihm war eine breite, übersichtliche Bedienkonsole angeordnet, deren Highlight die erhöht und damit noch einmal griffgünstiger platzierte Schaltung war. Der bisher für den Unimog so typische „Schalthebel-Wald", der immer auch etwas abschreckend gewirkt hatte, war Vergangenheit. Jetzt gab es nur noch einen einzigen Bedienhebel, um die Gangwahl passend zu sortieren. Dazu gesellte sich noch ein zweiter, Joystick-artiger Hebel, der, ebenso erhöht angeordnet, für die Steuerung der Hydraulikanlage zuständig war. Überhaupt hatten die Entwickler vor allem auf hohe Bedienungsfreundlichkeit, Übersichtlichkeit und

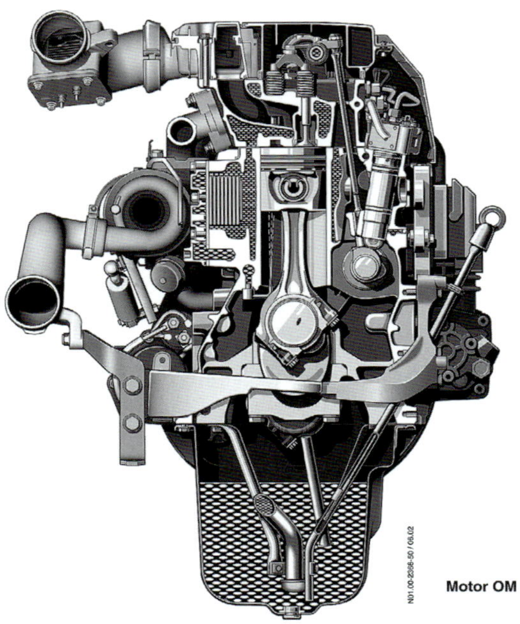

Motor OM 904 LA BM 904.953 **UNIMOG UHN**
(Querschnitt)

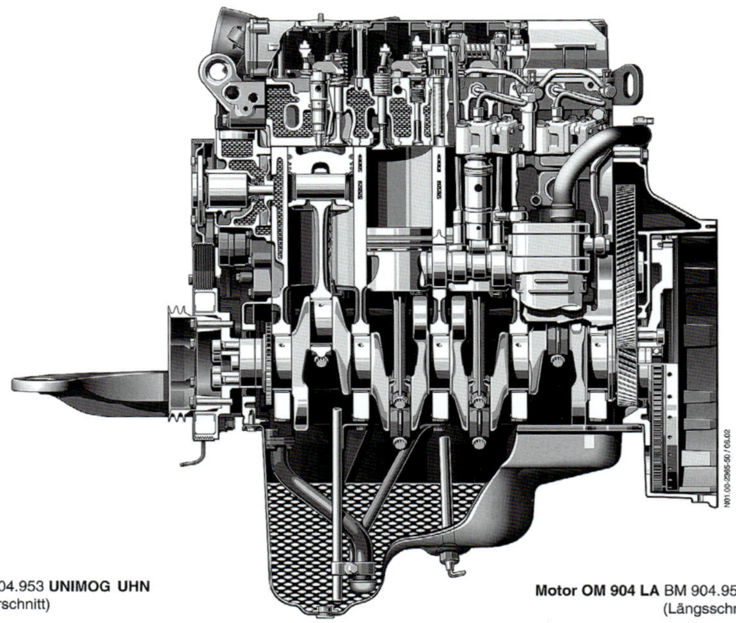

Motor OM 904 LA BM 904.953 **UNIMOG UHN**
(Längsschnitt)

Die neue Dieselmotorenfamilie OM 900 wurde zuerst im Lkw-Programm von Mercedes-Benz eingesetzt. Sie zeichnete sich durch eine hochmoderne Konstruktionsphilosophie aus und wies solche Besonderheiten wie einen Dreiventilzylinderkopf auf. Die Abbildungen zeigen die Vierzylinder-Variante OM 904.

Eine neue Einspritzung, die mit hohen Drücken arbeitete, war ebenso Teil der Spezifikation wie ein effizienter Twinscroll-Turbolader und ein Luft-Luft-Ladeluftkühler. Wesentliche Merkmale der Triebwerke waren ihre hohen Leistungsreserven und ihre Potenziale in puncto Emissionsreduzierung.

Elektronik statt Mechanik

Schon früh wurde die „VarioPilot"-Wechsellenkung des Unimog Gegenstand gezielter Weiterentwicklung. Statt der komplizierten Mechanik einer verschiebbaren Lenkanlage wandten sich die Konstrukteure schon bald einer elektrischen Lösung zu, bei der die Lenkimpulse nicht mehr mechanisch, sondern durch Strom und mit Hilfe von Steuergeräten sowie einem elektromechanischen Stellglied, Aktor genannt, übertragen werden sollten. Dabei handelte es sich um die weltweit erste Entwicklung eines sogenannten „Steer-by-wire"-Systems. Obwohl es bereits 2001 behördlich zugelassen wurde, fand es wegen zu hoher Kosten keinen Eingang in die Serie, musste es doch aus Sicherheitsgründen zusätzlich mit einem mechanischen System gekoppelt werden...

Flexibilität Wert gelegt. Auf der niedrigen Armaturenbrettbrüstung thronte eine Instrumenteneinheit, in die zwei Rundinstrumente eingelassen waren, die sämtliche fahrrelevanten Informationen vermittelten. Die gewählte Auslegung erlaubte es, nun, nach langer Entwicklungszeit, endlich auch die Wechsellenkung „VarioPilot" auf Wunsch zu spezifizieren. Sie ermöglichte es, Lenkanlage, Pedalerie und Instrumentenblock je nach Arbeitsanforderung links oder rechts im Fahrerhaus zu platzieren, sodass für den Anwender in jedem Fall ein perfekter Blick auf den Arbeitsbereich gewährleistet war. Für Wohlbefinden im Innenraum sorgte bei allen Witterungsbedingungen eine leistungsfähige Heizungs- und Lüftungsanlage, in die serienmäßig erstmals auch eine Klimaanlage integriert war. Darüber hinaus bot die Kabine zahlreiche Stau- und Ablagefächer für den täglichen Kleinkram.

Schon nach dem ersten Eindruck war unstrittig: Was das neu entwickelte Fahrerhaus anbetraf, war der Unimog definitiv im 21. Jahrhundert angekommen.

Modernisierung auf allen Ebenen

Bedeuteten schon Ausführung und Stilistik des Fahrerhauses des neuen 405er-Unimog einen Quantensprung für den und die Gaggenauer, so galt das erst recht für das konstruktive Konzept der Kabine: Wie schon beim kleinen – allerdings inzwischen gescheiterten – Kommunalfahrzeug UX 100 war der jahrelang im DaimlerChrysler-Konzernverbund befindliche Flugzeugbauer Dornier als Kooperationspartner für deren Entwicklung herangezogen worden. So war es kein Wunder, dass die am Bodensee ansässigen Hightech-Spezialisten auch für das neue Fahrerhaus des großen Unimog hochmoderne Faserverbundwerkstoffe als ideale Fertigungsmaterialien vorsahen. Auf diese Weise verband die Kabine geringeres Gewicht und günstige Geräuschdämmungseigenschaften mit höchster Langlebigkeit, da Korrosion hier kein wirkliches Thema mehr war. Für die strukturelle Stabilität des Kunststoffgehäuses, das in bester Unimog-Tradition selbstverständlich kippbar ausgeführt war, sorgte einerseits ein stählerner Hilfsrahmen und zum anderen ein integrierter Überrollbügel. Mit dieser Ausrüstung erfüllte die neue Kabine alle zulassungsrelevanten Sicherheitsvorschriften.

Dank einer konstruktiv geschickt gelösten Raumaufteilung und ihrer ausgesprochen kompakten Bauweise fanden die neuen Triebwerke selbst unter der extrem kurzen Fronthaube des 405ers Platz. Für größere Wartungsarbeiten musste aber die Kabine gekippt werden.

Der OM 906 entstand durch einfaches Hinzufügen von zwei weiteren Zylindern identischer Vermaßung. So wurde aus dem 4,3 Liter großen Vierzylinder ein 6,4 Liter messender Sechszylinder, der die höchste Leistungsklasse im Unimog darstellte.

In die Kabine eines Unimog 405 gelangte man über drei Trittstufen. Dann thronte der Anwender hoch oben und genoss besten Ausblick. Hier ist gut zu erkennen, dass der Instrumentenblock wegen der Wechsellenkung an der Lenksäule befestigt ist.

Bei der Entwicklung der neuesten Unimog-Generation stand unter anderem im Vordergrund, eine Einmann-Bedienung von Fahrzeug und Zusatzgeräten weitestgehend zu ermöglichen. Das bescherte den zumeist kommunalen Betreibern wesentliche Kostenvorteile.

Gelungener Techniktransfer

Nicht nur durch die gewählten Materialien, auch durch die Gestaltung der Frontscheibe und die vorne tief heruntergezogenen Seitenfenster sowie – nicht zu vergessen – die Verfügbarkeit der Wechsellenkung „VarioPilot" für den 405er realisierten dessen Entwickler einen bemerkenswerten Techniktransfer vom UX 100, der bereits seit zwei Jahren im DaimlerChrysler-Konzern Geschichte war. Damit hatten sich die ansehnlichen Entwicklungskosten des Fremdlings im Unimog-Programm zwar nicht amortisieren lassen, doch immerhin wurde der Eindruck vermittelt, dass die getätigten Investitionen nicht gänzlich vergebens gewesen waren.

Endlich neue Motoren

Ein weiteres, völlig neues Kapitel schlug die Unimog-Baureihe 405 beim Thema Antrieb auf. Mit den bisher in den mittleren und großen Modellen eingesetzten Dieselaggregaten der Baureihen OM 364 und 366 war im neuen Jahrtausend kein Staat mehr zu machen. Schon im Jahr 2001 erlangte die Abgasnorm Euro 3 Gültigkeit, und um dieser mit den alten Motoren genügen zu können, hätte es eines erheblichen konstruktiven Aufwands bedurft, ohne dass damit zusätzliches Entwicklungspotenzial zur Erfüllung noch strengerer Anforderungen hätte erschlossen werden können. So entschied man sich bei Daimler-Benz dafür, eine neue, hochmodern konzipierte Motorenfamilie zu entwickeln, die Baureihe OM 900. Die entsprechenden Triebwerke sollten primär in der leichten und mittelschweren Gewichtsklasse des Mercedes-Benz Lkw-Programms eingesetzt werden, wo mit der Markteinführung des neu entwickelten Atego 1998 ein für das Unternehmen bedeutsamer Schritt bevorstand.

Zukunftsträchtige Technik

Als erstes Resultat dieser Strategie erschien bereits 1996 der Vierzylinder-Diesel OM 904 LA. Das Aggregat wies Bohrungs- und Hubmaße von 102 x 130 mm auf und verfügte damit über exakt 4249 cm^3 Hubraum. Es war also um rund 250 cm^3 größer als der alte Vierzylinder OM 364, der noch im inzwischen eingestellten Unimog 418 Dienst getan hatte. In ihrer grundsätzlichen konstruktiven Auslegung allerdings lagen Welten zwischen den beiden Vierzylinder-Selbstzündern. Hatte der Direkteinspritzer OM 364 noch manche Wurzeln in einer Konstruktion aus Kriegstagen, so verkörperte der Neue absolut modernen Dieselmotorenbau. Technische Kernelemente waren sein Dreiventil-Zylinderkopf, eine Hochdruck-Direkteinspritzung, eine vollelektronische Motorsteuerung, ein Luft-Luft-Ladeluftkühler sowie eine Turboaufladung mittels eines sogenannten Twin-Scroll-Laders. Letzterer war der neueste Schrei in der Turboladerentwicklung und zeichnete sich durch ein Gehäuse mit zwei parallel angeordneten Strömungskanälen aus. Die Vorteile dieser Konstruktion lagen in einem reduzierten Abgasgegendruck und einem verbesserten Gaswechsel, was sich positiv auf Kraftstoffverbrauch, Leistung und Ansprechverhalten auswirkte.

Fokus auf Abgasemissionen

Um die generelle Effizienz des Triebwerks noch weiter zu steigern und vor allem ergänzende Potenziale für die Reduzierung von Abgasemissionen zu schaffen – was angesichts für 2006 und 2009 von der Politik bereits avisierter Verschärfungen der Euro-Normen auch dringend erforderlich war –, verwendeten die Entwickler bei der Direkteinspritzung erstmals je Zylinder eine Einzelsteckpumpe, die einen Einspritzdruck von bis zu 1600 bar erlaubte. Die dadurch mögliche Feinstzerstäubung des Kraftstoffs sicherte im Zusammenwirken mit dem Ladeluftkühler die Einhaltung der neuen Emissionsstandards und schuf zugleich weiteren Raum für innovative technische Entwicklungen. Ein Beispiel war hier die Common-Rail-Einspritzung, die im Diesel-Pkw-Programm bei Mercedes-Benz bereits 1998 eingeführt wurde. Selbstverständlich legte man bei der Konstruktion der Motorgeneration OM 900 auch besonderen Wert auf die Kerneigenschaften Langlebigkeit, Wartungsfreundlichkeit, Zuverlässigkeit und Wirtschaftlichkeit – kurz: Die neuen Selbstzünderaggregate legten in jeder Beziehung die Messlatte für moderne Lkw-Dieselmotoren in neue Höhen. Konkret bedeutete das unter anderem zunächst die Einhaltung der Euro-3-Abgasemissionslimits.

Sechszylinder aus dem Baukasten

Von diesem Modernisierungsschub in puncto Antrieb sollte nun auch der Unimog 405 profitieren, zumal die neue Motorenfamilie nicht nur den Vierzylinder OM 904 LA, sondern auch eine Sechszylinderversion mit der Bezeichnung OM 906 LA umfasste. Sie war entstanden, um mit der zukunftsträchtigen Konstruktion auch höheren Leistungsanforderungen gerecht werden zu können. Nach dem bewährten Baukastenprinzip, das bei Mercedes-Benz

Der U 400 gehörte zusammen mit dem unter ihm positionierten Einsteigermodell U 300 zu den ersten ab dem Jahr 2000 lieferbaren Modellen der neuen Baureihe. Bei den Verkaufsbezeichnungen war man nun auf eine neutrale Nomenklatur übergegangen.

in allen Fahrzeugsparten, besonders aber im Nutzfahrzeugbereich, zur Tradition gehörte, machte man durch die einfache Hinzufügung zweier weiterer Zylinder aus dem Vier- einen Sechszylinder. Ohne Veränderung der Maße für Bohrung und Hub oder sonstige tiefgreifendere Veränderungen wurde so aus einem knapp 4,3 Liter großen Motor einer mit fast 6,4 Liter Hubraum. Turboaufladung und Ladeluftkühler waren natürlich auch bei der größeren Variante an Bord.

Power und Durchzugskraft

Leistungsmäßig warteten die modernen Motoren in ihrer Grundausführung vorerst nicht mit neuen Spitzenwerten auf. Sie sortierten sich im Wesentlichen in jenem Bereich ein, den auch die alten 427er und 437er bereits abgedeckt hatten und zum Zeitpunkt des Marktstarts der neuen 405er-Baureihe teilweise noch abdeckten. Der gemäß der Euro-3-Abgasnorm spezifizierte Vierzylinder stellte in seiner Basisausführung 150 PS/110 kW bei 2200/min und einen Drehmomentbestwert von 580 Nm bereit, der zwischen 1200 und 1600/min linear abrufbar war. Dies stellte gegenüber dem in den Vorgängermodellen eingesetzten Sechszylinder OM 366, der rund 6 Liter Hubraum besaß, ein bestenfalls durchschnittliches Leistungsniveau dar, das allerdings auch einem wesentlich geringeren Hubvolumen entsprang. Die hier eingeschlagene Entwicklungsrichtung resultierte dank der modernen Konstruktion aber nicht nur in reduziertem Kraftstoffverbrauch und niedrigerem Emissionsniveau, sondern auch in einer überraschend satten Durchzugskraft. Zum Beispiel entwickelte der deutlich voluminösere OM 366 in seiner mit 170 PS/125 kW nominell stärkeren Version ein Drehmomentmaximum von 560 Nm bei 1400 bis 1500/min, während der moderne 4,3-Liter-Vierzylinder ihn hier mit 580 Nm übertraf, die zudem in einem breiteren Drehzahlbereich, 1200/min bis 1600/min, anlagen.

Die neuen 405er waren vielleicht keine „Alleskönner" im traditionellen Unimog-Sinn mehr, aber als Geräteträger waren sie mehr denn je in ihrem Element. Hier ein mit Werner Vorbaukompressor, Palfinger-Ladekran und Bohrgerät vollgepackter U 400.

Auf Wunsch war das durchzugskräftige Antriebsaggregat vom Marktstart an jedoch auch in einer um 27 PS/20 kW auf 177 PS/130 kW leistungsgesteigerten Version erhältlich, bei der die erzielten Fortschritte in der Motorentechnik noch klarer zutage traten: Hier betrug das maximale Drehmoment sogar 675 Nm bei ebenfalls 1200 bis 1600/min. Damit hängte das neue Triebwerk seinen Vorgänger auch in diesem Bereich um Längen ab.

Hohe Reserven

Ähnlich, aber bei näherer Betrachtung doch in mancher Hinsicht etwas anders, verhielt es sich mit dem Sechszylinder OM 906. Dieser griff auf fast 400 cm³ mehr Hubraum zurück als der alte OM 366, münzte dies aber – was technisch kein Problem gewesen wäre – zunächst nicht in ein höheres Leistungsvolumen um. In der 405er-Baureihe eingeführt wurde er mit 231 PS/170 kW, 9 PS/7 kW weniger als der OM 366 in den 240 PS/177 kW leistenden Spitzenmodellen der Baureihe 437 zur Verfügung stellte. Trotz seines größeren Hubraums hatte der OM 906 auch in puncto Zugkraft das Nachsehen: Statt 850 Nm stemmte der moderne Sechszylinder „nur“ 810 Nm auf die Kurbelwelle. Beeindruckend blieb dennoch die Lockerheit, mit der das neue Triebwerk seine Kraft aus dem Ärmel schüttelte, zumal bereits bei der Markteinführung zu vermuten stand, dass in Sachen Höchstleistung aufgrund der konstruktiven Reserven des neuen Aggregats noch nicht das letzte Wort gesprochen war.

Neue Modellnomenklatur

Mit den beschriebenen Motoren und Motorversionen waren ab April 2000 die beiden ersten Modelle der Baureihe 405 zu haben. Als Einstiegsmodell in die neue Unimog-Generation fungierte der U 300 mit dem 150 PS/110 kW oder optional 177 PS/130 kW starken Vierzylinderaggregat. Darüber positioniert war der U 400, den die Kunden entweder mit der leistungsfähigeren der beiden Vierzylinder-Varianten oder alternativ mit dem besonders souveränen Sechszylindermotor ordern konnten. Ein Novum in der Unimog-, aber auch in der neueren Nutzfahrzeuggeschichte von Mercedes-Benz war, dass man sich hier erstmals für eine neutrale Modellbezeichnung entschieden hatte: Die drei Ziffern 300 bzw. 400 markierten jeweils nur die Zugehörigkeit zu einer

Die für den U 400 lieferbare Maximalleistung von 231 PS/170 kW sollte noch nicht das letzte Wort sein. Dank der modernen Auslegung des Sechszylinder-Diesels OM 906 LA stellte ein weiterer PS-Zuwachs keine Schwierigkeit dar.

niedriger oder höher motorisierten Fahrzeugklasse, ohne dass jedoch die Ziffernfolge irgendeinen Aufschluss über die Motorleistung gab, wie es bisher der Fall gewesen war. Man kann aus heutiger Sicht nur vermuten, dass die Präsentation der neuen Unimog-Generation werkseitig zum Anlass genommen worden war, endlich das leidige Thema der nur allzu oft chaotischen und verwirrenden Baureihen- und vor allem Verkaufsbezeichnungen, die den Unimog Jahrzehnte lang begleitet hatten, hinter sich zu lassen.

Lkw-Bau macht Tempo

Die nachhaltig modernisierte Antriebstechnik war aber auch nur eines von zahlreichen Technikfeldern, auf denen die Fahrzeuge der Baureihe 405 einen neuen Standard setzten. Bei manchen Komponenten profitierten sie stärker als je zuvor von Weiterentwicklungen, die in der Lkw-Sparte von Mercedes-Benz aufgrund des dort im Wettbewerbsumfeld herrschenden hohen Innovationsdrucks nun in mittlerweile schneller Taktung Einzug in die Serienfertigung hielten.

Auch bei der Kraftübertragung – vorne links auf der Mittelkonsole der ultrakurze Schalthebel, rechts daneben der mobile Bedienhebel für die komplexe Hydraulikanlage – präsentierten die Fahrzeuge der Baureihe 405 aktuelle Technologie.

Unimog-Technik für das 21. Jahrhundert

Im Zeichen der technischen Innovation und der Zukunftsorientierung standen nicht nur die modernen Antriebsaggregate der neuen 405er-Unimog, sondern auch die verwendete Kraftübertragung. Mit Blick auf aktuelle und mögliche weitere Einsatzprofile entschieden sich die Entwickler dafür, in diesem Bereich einschneidende Veränderungen vorzunehmen. Verwendet wurde nun ein neu konstruiertes mechanisches Schaltgetriebe mit der Bezeichnung UG 100. Es verfügte über insgesamt acht Gänge, von denen die Stufen 1 bis 6 auch rückwärts für Vortrieb sorgen konnten. Optional und gegen Mehrpreis waren zum einen weitere, besonders kurz übersetzte Gangstufen bis hin zum Kriechgang verfügbar, die in der kürzesten Übersetzung einen Vortrieb von nur 100 Metern pro Stunde erlaubten – was insbesondere bei Einsätzen im Straßenbau sehr nützlich war. Alternativ waren zum

Eine echte Entlastung des Fahrpersonals bedeutete die Einführung des EPS-Schaltsystems endlich auch im Unimog. Statt ellenlanger und vielfach schwergängiger Schaltgestänge, vollzogen nun Magnetventile und Schaltzylinder mithilfe einer Pneumatik die Gangwechsel.

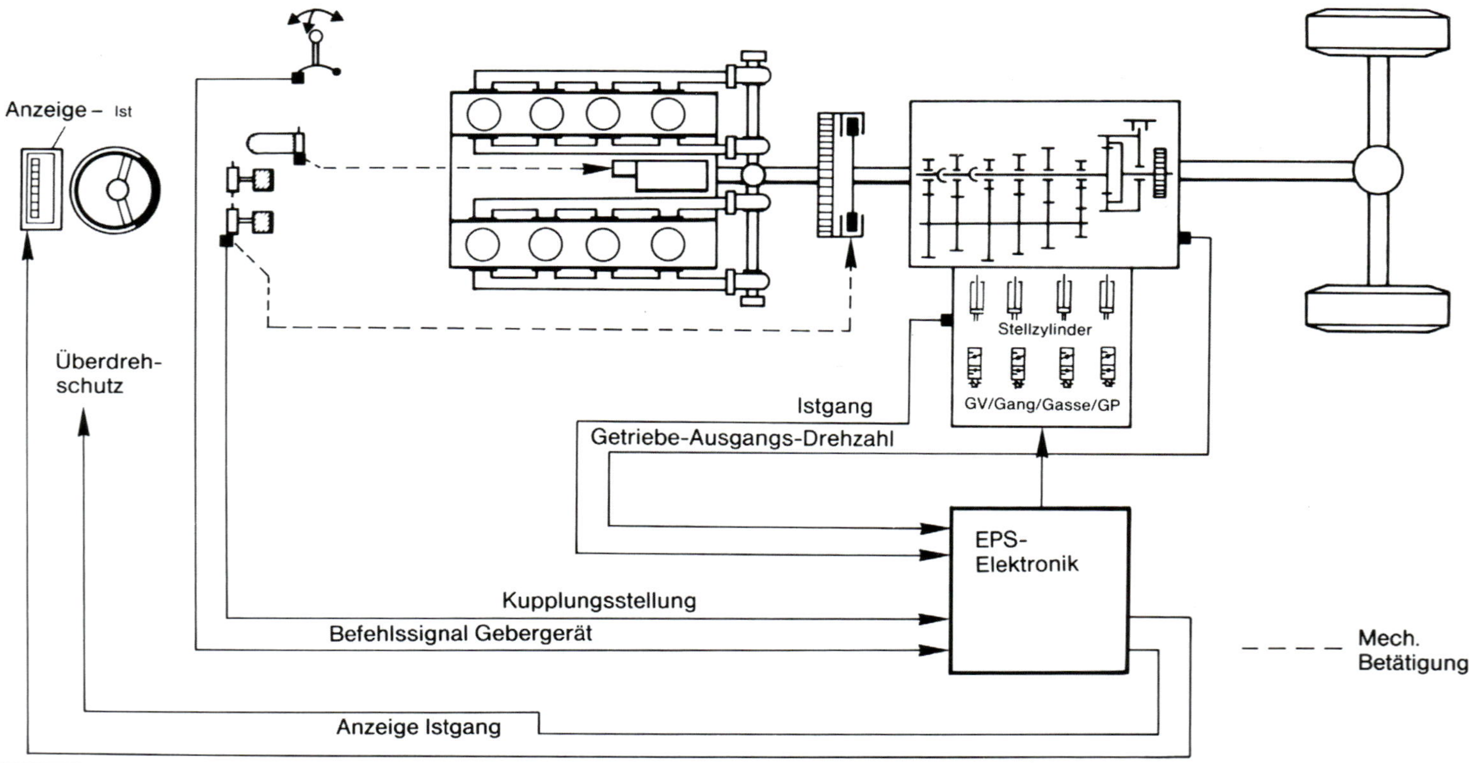

Zwar gehörte der Einsatz bei der Feuerwehr, wie hier in den Niederlanden, zur typischen Unimog-Tradition, aber zu den hauptsächlich anvisierten Käufergruppen der 405er-Modelle gehörten neben den Kommunen eher im Straßen- und Bergbau tätige Unternehmen.

anderen der bereits bekannte hydrostatische Fahrantrieb sowie als Novum ein Drehmomentwandler mit Überbrückungskupplung zu bekommen, der insbesondere in Fällen nützlich war, bei denen extrem hohe Zugleistungen abverlangt wurden. Insgesamt konnte das neue Getriebe, je nach Ausführung, bis zu 24 Gangstufen bereitstellen.

Entlastende Schalthilfe

Da das Thema Bedienungserleichterung, das im Lkw-Bau bereits seit geraumer Zeit große Beachtung fand, inzwischen auch beim noch viel bedienungsintensiveren Unimog zunehmend ins Zentrum rückte, versah man die 405er darüber hinaus serienmäßig mit der „Elektropneumatischen Schaltung“, kurz EPS, oder in Mercedes-Benz-Terminologie, „Telligent“-Schaltung genannt. Automatisierte Schaltsysteme dieser Art, die nicht nur den Fahrer entlasteten, sondern auch die Mechanik schonten und zu Einsparungen beim Kraftstoffverbrauch führten,

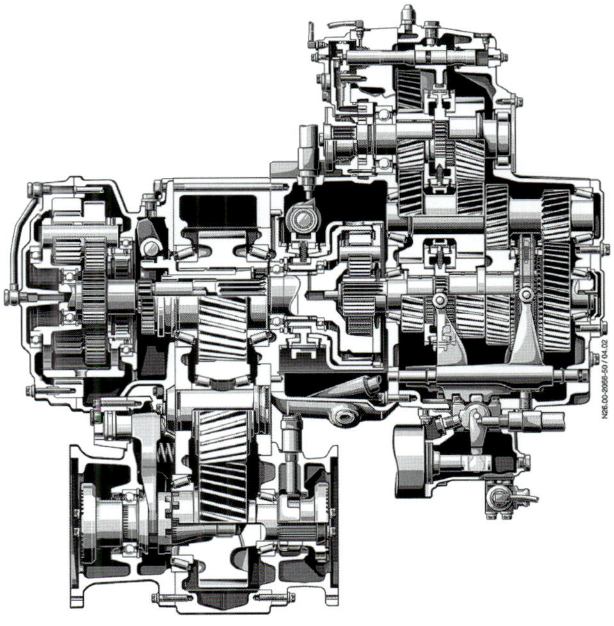

Das neue Getriebe UG 100 feierte im Unimog 405 seine Premiere. Es war auf die Übertragung besonders hoher Lasten ausgelegt und konnte unter anderem zusätzlich mit einem Drehmomentwandler ausgestattet werden, der bei der Bewältigung anspruchsvoller Zuglasten half.

Obwohl sich das Profil der Unimog 405 ebenso wie das der Agrarwirtschaft deutlich verändert hatte, fanden sich dort noch für manche Exemplare der neuen Fahrzeuggeneration passende Einsatzmöglichkeiten – hier mit einklappbarer Großflächenspritze.

standen ab Mitte der 1980er-Jahre im Lkw-Bau zur Verfügung. Seinerzeit hatte die Motorenentwicklung bei den renommierten Nutzfahrzeugherstellern große Sprünge gemacht und in der schweren Klasse immer leistungsfähigere Antriebsaggregate hervorgebracht, die zum Beispiel beim schwedischen Hersteller Scania erstmals die 400-PS/294-kW-Grenze überschritten. Hinzu gesellten sich geradezu monströse Drehmomentwerte, die zudem noch über einen breiten Drehzahlbereich abrufbar waren. Dies zwang seinerzeit die Entwickler, über das Thema Kraftübertragung neu nachzudenken, da bei solchen Leistungsvolumina und den entsprechend hohen Lasten, die zu übertragen waren, Kupplung und Getriebe wesentlich stärker beansprucht wurden als bisher. Selbst die fahrtechnisch kompetentesten und gefühlvollsten Profi-Trucker stießen hier an ihre Grenzen.

Mercedes-Benz auf Innovationskurs

Als eines der ersten Mittel, um den kritischen Kraftfluss zwischen leistungsstarkem Motor und Getriebe besonders schonend zu gestalten, ersannen die Ingenieure der Lkw-Hersteller – und von Zulieferern wie ZF – automatisierte Schaltungen. Mit ihrer Hilfe wurde die unmittelbare Einwirkung der jeweiligen Fahrzeuglenker bei Anfahrmanövern und Gangwechseln im Wesentlichen beendet. Als erster Hersteller führte Scania 1984 ein solches System unter der Bezeichnung „Computer Aided Gearshift", kurz CAG, ein. Auf die Schweden folgte bereits ein Jahr später Mercedes-Benz, die bei den 1985 umfassend überarbeiteten schweren Lkw der „Neuen Generation" (NG) mit der EPS ein vergleichbares System präsentierten, das im 435 PS/320 kW starken Topmodell 1644 sogar serienmäßig vorhanden war.

Komfort dank Elektronik

Kraft musste der Fahrer für das Schalten nun so gut wie keine mehr aufbringen, denn durch die EPS wurde das Schaltgestänge entbehrlich. An dessen Stelle traten Servogeräte, die den Gangwechsel im Getriebe auf pneumatischen Weg vornahmen: Nun erledigten Magnetventile und Schaltzylinder das, was bis dahin den Bizeps des Fahrers strapaziert hatte. Angesteuert wurden diese Servogeräte über ein elektronisches Schaltgerät, das die vom Fahrer über den Schalthebel erteilten Schaltbefehle entgegennahm. Der Schalthebel selbst präsentierte sich nun als nur noch kurz bauender Knauf mit der Funktion eines Joysticks. Ausgedient hatten auch die altbekannten Schaltschemata, wie zum Beispiel das Doppel-H. Die automatisierte Schaltung reduzierte nun die komplexe Bedienung eines Nutzfahrzeuggetriebes auf eine einfache Vor-Zurück-Logik, bei der das Nach-vorne-Drücken des Joysticks für's Hochschalten, das Zurückziehen für's Herunterschalten stand.

Überzeugende Vorteile

Sofort bewies diese innovative Art der Getriebebedienung, welche enormen Vorteile sie im harten Alltagseinsatz bot. Nun hatten auch ungeübte Fahrer die Schaltung eines Schwer-Lkw problemlos im Griff. Ebenso gehörten die Mechanik belastende Schaltfehler der Vergangenheit an. Schließlich profitierten auch die Lkw-Betreiber von einer deutlich verbesserten Wirtschaftlichkeit ihrer Fahrzeuge, da verbrauchsgünstiges und verschleißarmes Fahren deutlich weniger von den Fähigkeiten des jeweiligen Fahrpersonals abhing. Neben diesen Aspekten und der Fahrerentlastung brachte die neuartige Technologie nicht zuletzt für den Fertigungsbereich der Lkw-Hersteller handfeste Vorteile: Statt sich mit der Montage sperriger mechanischer und in zahlreichen unterschiedlichen Bauformen vorhandener Schaltgestänge abmühen zu müssen, reichte es nun, einige Kabel zu stecken, die als einzige Verbindung von Schaltknauf zum Getriebe fungierten.

Aufgeräumt und auf maximale Effizienz ausgelegt zeigten sich die im Leiterrahmen hinter der Kabine untergebrachten Baugruppen. Bei den 405ern hatte man erstmals die dort herrschenden Raumverhältnisse besonders beachtet und entsprechend gestaltet.

Bereits lange etabliert

Obwohl zahlreiche Trucker anfangs der teilweisen Entwertung ihrer fahrerischen Kompetenz durch den Einsatz der Elektronik kritisch gegenüberstanden, lernten sie schnell, die damit verbundene körperliche Entlastung zu schätzen. Statt ein ums andere Mal via Schaltgestänge und per Armkraft im Getriebe rühren zu müssen, war jetzt nur noch ein leichtgängiger Knauf zu bedienen. Auch die geringfügig längeren Zugkraftunterbrechungen, die bei den automatisierten Schaltungen auftraten und die den Fahrern zunächst ein Dorn im Auge waren, kompensierten die enorm drehmomentstarken Motoren locker. Mercedes-Benz vollzog nach Überwindung einzelner technischer Kinderkrankheiten ab 1988 – mit der Einführung der neuen Lastwagen der SK-Reihe (Schwere Klasse) – als weltweit erster Hersteller den entscheidenden Schritt und baute die EPS in alle Lkw ab 290 PS/213 kW serienmäßig ein. Aus heutiger Sicht kann es nur verwundern, dass es über zehn Jahre dauerte, bis dieses System endlich auch beim Unimog ankam.

Die Unimog-Entwickler konzentrierten sich darauf, sämtliche An- und Aufbauräume optimal zu dimensionieren und dabei auch deren Besonderheiten zu berücksichtigen. Die Schemazeichnung verdeutlicht die Möglichkeiten ohne und mit Trägerrahmen.

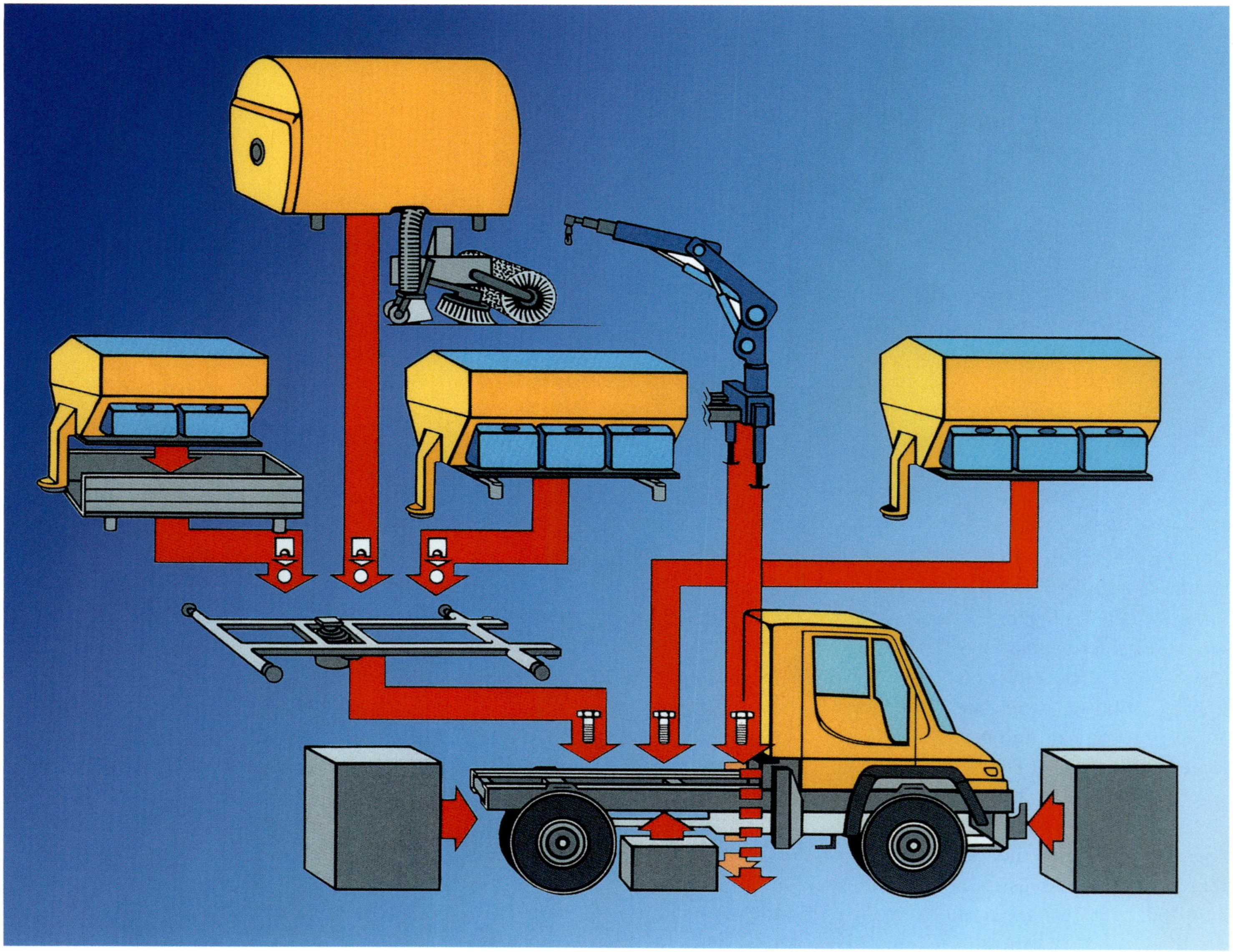

Modifiziertes Allradsystem

Auch im hinter dem Getriebe angeordneten weiteren Triebstrang betraten die Fahrzeuge der Baureihe 405 neuen Boden und brachen mit jahrzehntelang verfolgten Unimog-Konzepten. Statt dem bisher eingesetzten Allradantrieb, der als Heckantrieb mit zuschaltbarem Vorderradantrieb ausgelegt war, ging man bei den neuen Modellen zu einem permanenten Allradantrieb über, bei dem die Vorderräder ständig mit Vortriebskraft versorgt wurden. Die Antriebsmomentverteilung zwischen Vorder- und Hinterachse lag bei 50 : 50 % und wurde erstmals auch durch ein selbstsperrendes Mittendifferenzial unterstützt. Diese technische Auslegung ähnelte in ihrer Art jener, die auch bei modernen Offroad-Pkw mit hoher Geländekompetenz zum Einsatz kam. Damit war – wie auch in anderen Technikbereichen, auf die noch eingegangen werden wird – beim 405er die Unimog-typische exemplarische Geländefähigkeit bisheriger Unimog-Generationen zwar nicht mehr in vollem Umfang gegeben, doch genügte diese neue Auslegung angesichts seiner Positionierung als überdurchschnittlich geländegängiger Geräteträger vollauf. Für Kunden mit ganz extremen Geländeeinsatzprofilen, auch unter Verwendung von An- und/oder Aufbaugeräten, standen nach wie vor die teilweise noch im Programm verbliebenen schweren Modelle der alten Baureihen 427 und 437 parat.

Dank einer neuen höhenverstellbaren Frontanbauplatte bereitete es weniger Aufwand denn je, einen Unimog 405 mit einem Frontlader samt Schüttgutschaufel auszurüsten. So konnten zum Beispiel kleinere Erdarbeiten flexibel und schnell erledigt werden.

Neu konstruierter Rahmen

Besonderes Augenmerk wurde bei der Entwicklung der neuen 405er auf die Konstruktion des Fahrgestellrahmens gelegt. Auch hier sollten die Geräteträgerfähigkeiten absolute Priorität bekommen, auch wenn dies, wie beim Allradtriebstrang, ein wenig auf Kosten der bisherigen ultimativen Geländegängigkeit ging. Zudem war im Lastenheft vorgesehen, dass bei der Auslegung des Rahmens auch Aspekte einer effizienteren und damit kostengünstigeren Fertigung sowie unter anderem einer optimierten Platzierung von An- und Aufbauräumen berücksichtigt werden sollten. Dazu gehörte zum Beispiel mehr Platz für teleskopisch ausfahrbare Stützfüße und ähnliches. So zeigte sich der neue Rahmen der Baureihe 405 als durchgängig gerade – also nicht gekröpft – ausgeführter Leiterrahmen, dessen Stabilisierung nun durch geschraubte und nicht mehr, wie bisher, geschweißte Querträger und Querrohre erfolgte. Bei derartig schweren und leistungsstarken Unimog-Modellen hatte man noch nie zuvor auf eine solche technische Lösung zurückgegriffen. Sie war in jüngerer Zeit ausschließlich in den leichten bis mittelschweren Baureihen 407, 408 und 418 angewendet worden.

Veränderter Fokus

Während eine Rahmenkröpfung beste Voraussetzungen zum Beispiel für betont lange Federwege und höchste Achsverschränkungsraten bot, die besonders in anspruchsvollstem Gelände gefragt waren, legten die Entwickler nun mehr Wert auf eine noch einmal deutlich verbesserte Fahrlage im Straßenbetrieb. Hier standen riesige Federwege einer möglichst optimalen Spurstabilität, etwa bei Kurvenfahrt oder plötzlich notwendigen harten Bremsmanövern, eher im Weg. Ähnlich verhielt es sich im Fall besonders schwergewichtiger Anbaugeräte, die die Feder-/Dämpfer-Einheiten stark belasteten. Weniger Federhub sorgte hier für günstigere Bedingungen.

Präzisere Fahreigenschaften

Die Bemühungen der Entwicklungsingenieure um noch bessere Fahreigenschaften auf der Straße spiegelten auch die modernisierten Fahrwerkselemente wider, über die der 405er Unimog verfügte. Eine Schlüsselrolle spielten hier die eng gewundenen Schraubenfedern und insbesondere die erstmals eingesetzten Längslenker, die das prinzipbedingte Eigenleben der unverändert zum Einsatz kommenden starren Portalachsen vorne und hinten wesentlich einschränkten. Unterstützt wurden die Längslenker bei ihrer Arbeit durch integrierte Stabilisatoren. Dieses Setup gewährleistete einerseits eine erhebliche präzisere Achs- und damit Spurführung, die zum Beispiel in einem deutlich verbesserten Geradeauslauf resultierte. Andererseits litt der bisher vom Unimog gewohnte hohe Fahrkomfort etwas unter dem modifizierten Fahrwerkskonzept, was man in Gaggenau angesichts der damit verbundenen Vorteile aber für vertretbar hielt. Auch die mögliche Achsverschränkung kam durch die neue Fahrgestellauslegung schneller an ihre Grenzen als in früheren Unimog-Tagen: Im Extremgelände verlor das eine oder andere Antriebsrad hier eher den Bodenkontakt als das bisher der Fall war. Da man im Lastenheft aber einer besonders hohen Transportleistung der neuen Fahrzeuggeneration Priorität eingeräumt hatte und dabei Maximalgeschwindigkeiten von bis zu 100 km/h anstrebte, waren die vorgenommenen Veränderungen im Sinne optimierter Fahrsicherheit im anspruchsvoller gewordenen Straßenverkehr absolut zielführend.

Wieder auf Erfolgskurs?

Einer der wichtigsten Parameter, die dem Lastenheft für die Entwicklung der Baureihe 405 zugrunde lagen, war eine wesentliche Erhöhung der Wirtschaftlichkeit – und zwar in jeder Beziehung. In erster Linie wurde dabei natürlich ein greif- bzw. zählbarer Kundenvorteil angestrebt, der als bedeutendstes Kaufargument gedacht war. Dieser sollte vor allem die direkten Betriebskosten des Unimog 405 betreffen: Eine moderne, sparsamere Motorengeneration, die nach den strengsten Abgasnormen spezifiziert

Auch für etwas abseitige Einsätze waren sich die neuen Modelle nicht zu schade: Rundum verkleidet und dadurch kaum wiedererkennbar, tauchten manche Exemplare, wie hier in Regensburg, als Zugmaschinen für Stadtrundfahrtgespanne auf – eine klare Unterforderung des Klassikers.

Die innovative Leistungshydraulik des Unimog 405, „VarioPower" genannt, war eine der Schlüsseltechnologien, um die angestrebte vollständige Einmann-Bedienbarkeit im Einsatz zu gewährleisten und damit dem Kunden wesentliche Kostenvorteile zu verschaffen. Das System beendete die Karriere der mechanischen Heckzapfwelle, die Jahrzehnte lang zur klassischen Unimog-DNA gehört hatte.

war, gehörte hier ebenso dazu wie das neue, effiziente Getriebe. Zusätzliche Kostenersparnis im Fahrzeugunterhalt versprach die nun von Unimog bzw. DaimlerChrysler formell etablierte Systempartnerschaft mit zertifizierten Geräteherstellern. Diese führte unter anderem dazu, dass Fahrzeug- und Gerätewartung weitgehend aus einer Hand erfolgen konnten.

Höhere Produktivität, niedrigere Kosten

Als weitere Überzeugungshilfe für potenzielle Kunden sollte auch die gezielte Auslegung der neuen Modelle auf Einmannbetrieb dienen. Seit jeher war die Möglichkeit, Personal- und damit Kostenaufwand einzusparen, ein überaus zugkräftiges Kaufargument, und die 405er-Modelle punkteten hier mehrfach. Einerseits durch die bereits bekannte „VarioPilot"-Lenkung, aber auch durch die neue Leistungshydraulik „VarioPower". Diese war in Zusammenarbeit mit den in der Gerätepartnerschaft zusammengeschlossenen Herstellern – zunächst waren dies 15 Firmen – entwickelt worden und brachte im Einsatz erhebliche Produktivitäts- und damit weitere Kostenvorteile. Es war dank dieser innovativen Hydraulikanlage nun möglich, Kopplung, Antrieb und Regulierung von Zusatzgeräten wesentlich flexibler zu gestalten. Dazu konnten alle Arbeitsschritte entweder von der Fahrerposition in der Kabine aus oder mithilfe des mobilen Joysticks per Fernsteuerung absolviert werden – alles ohne die Hilfe einer zweiten Arbeitskraft.

Im Rahmen des neuen „VarioPower"-Hydraulikkonzepts wurde übrigens die alte, mechanisch angetriebene Heckzapfwelle, die quasi seit Anbeginn zu den technischen Kernelementen des Unimog zählte, überflüssig. Auch die vordere Motorzapfwelle präsentierte sich tiefgreifend modifiziert: Sie wurde nun elektrisch aktiviert und stellte eine Leistung von bis zu 150 kW, entsprechend knapp 205 PS, für den Geräteantrieb zur Verfügung.

Zum neuen Flaggschiff der 405er-Baureihe wurde der 2001 präsentierte U 500. Mit seinen Leistungsdaten stellte er neue Höchstmarken der Unimog-Geschichte auf. Respekt einflößend waren auch seine äußeren Dimensionen mit ihm vorbehaltenen Radstandmaßen.

Noch mehr Power

Was die meisten Beobachter der Szenerie bereits geahnt hatten, wurde einige Monate nach der Markteinführung des Unimog 405, im Lauf des Jahres 2001, verwirklicht: Neben die Modelle U 300 und U 400, die zunächst auf den Markt gekommen waren und die Einstiegs- bzw. Mittelklasse der neuen Fahrzeuggeneration darstellten, trat als neuer Top-Unimog der U 500. Er war serienmäßig mit dem Sechszylinder-Triebwerk OM 906 LA ausgestattet, das mit Turboaufladung und Ladeluftkühler 231 PS/170 kW leistete. Wem das noch nicht genug war, der konnte sogar eine optional lieferbare Motorversion mit höherem Ladedruck und 279 PS/205 kW ordern – ein neuer Rekordwert für den Unimog, der bis auf Weiteres nicht mehr übertroffen werden sollte. Tatsächlich wurde dieses bombastische Leistungsniveau bei der identischen Nenndrehzahl von 2200/min erzielt. Ebenfalls in für den Unimog bislang unbekannte Höhen stieg die Zugkraft seines Antriebsaggregats: Das Drehmomentmaximum des Diesel-Sechszylinders lag bei sage und schreibe 1100 Nm, die im Drehzahlbereich zwischen 1200 und 1600/min bereitgestellt wurden.

Bulliger Auftritt

Auf den zweiten Blick war das Spitzenmodell auch an seiner etwas unterschiedlichen Dimensionierung zu erkennen. Den U 500 gab es in zwei alternativen Radstandmaßen, die für U 300 und U 400 nicht verfügbar waren. Während die beiden kleineren Modelle in einer Kurzversion mit 3080 mm und der Langversion mit 3600 mm Radstand zu haben waren, wartete der U 500 mit den Maßen 3350 mm bzw. 3900 mm auf. Damit änderte sich auch die gesamte Fahrzeugproportionierung, denn der Top-Unimog war in seinen Außenmaßen nicht nur länger, sondern auch etwas breiter und höher geworden. Bei einer Länge von 5380 mm mit kurzem und 6120 mm mit langem Radstand maß er satte 2300 mm in der Breite und 2950 mm in der Höhe. In beiden Dimensionen übertraf er damit die Schwestermodelle um rund 10 Zentimeter.

Für kleine bzw. leichte Unimog-Modelle schien nach dem 2001 erfolgten Bandablauf der ungeliebten Baureihe 408 (hier im Bild) vorerst kein Platz mehr zu sein. Man konzentrierte sich in Gaggenau bis auf Weiteres auf die oberen Marktsegmente.

Ende der kleinen Baureihen?

Die Präsentation des Spitzenmodells machte die Angebotspalette der neuen 405er-Modelle fürs Erste einmal komplett. Deren Zuschnitt machte zudem deutlich, wo die Unimog-Mannschaft die Zukunft ihres Klassikers sah: mit einem überschaubaren, klar strukturierten Fahrzeugprogramm im gehobenen mittleren bis oberen Leistungs- und Gewichtssegment, sowie in einer stärkeren Spezialisierung auf bestimmte Einsatzprofile. Von einer umfassenden Neuauflage auch kleinerer Fahrzeuge war zunächst keine Rede mehr. Als letzte Vertreter dieser Spezies wurden der U 90 turbo und der U 100 L turbo der Baureihe 408 im Lauf des Jahres 2001 aus der Produktion genommen, und Nachfolger hierfür waren weit und breit nicht in Sicht. So bestand das Unimog-Programm am Ende des Jahres 2001 nur noch aus einer Reihe von Modellen der inzwischen ziemlich angejahrten Geländegänger-Baureihen 427 und 437 sowie aus ganzen drei mit verschiedenen Radständen lieferbaren Geräteträgern der neuen Hightech-Baureihe 405.

Schwieriges Exportgeschäft

Zu diesem Zeitpunkt beschäftigten sich die Verkaufsstrategen in Gaggenau und Stuttgart nicht nur mit den Risiken, sondern inzwischen auch mit den Chancen, die der nun seit einiger Zeit deutsch-amerikanische Mutterkonzern DaimlerChrysler bot. Die Frage war: Welchen Nutzen konnte der Unimog aus der nun engeren Bindung zu den USA ziehen? Es gab keinen Zweifel, dass die bereits seit einigen Jahren anhaltende Krise des Klassikers nicht zuletzt auf den schwächelnden deutschen bzw. deutschsprachigen Absatzmarkt zurückzuführen war. Auch von außen kamen keine nennenswerten Impulse. Mit Ausnahme vielleicht von Frankreich, war der Unimog, manchen Exportbemühungen der Vertriebsabteilung zum Trotz, vornehmlich ein Phänomen der einheimischen Märkte geblieben – und das über Jahrzehnte.

Zwar hatte er sich in den 1950er-Jahren, als er noch ein zierliches, unterhaltsgünstiges und eher simples Vielzweckfahrzeug war, schnell auf alle Kontinente verbreitet, aber die dadurch generierten Stückzahlen blieben stets überschaubar. Zum attraktiven Exportprodukt, das, auch jenseits enger Marktnischen, einen wirtschaftlich wirklich relevanten Faktor für Daimler-Benz darstellte, entwickelte er sich – zumindest im Zivilbereich – nie. Umso weniger, als er mit der Zeit immer größer, stärker, aufwändiger und teurer wurde. Zudem schützten nicht wenige potenziell aufnahmefähige Importländer mit vermutlich vorsätzlich aufgebauten Zoll- und Steuerhürden ihre einheimischen Traktorenhersteller gegen die deutsche Konkurrenz. Die dadurch notwendigen Preisaufschläge machten den ohnehin nicht gerade billigen Unimog im Ausland nahezu unverkäuflich.

Nordamerika rückte mit dem Erscheinen des U 405 als verlockender Exportmarkt wieder in den Blickpunkt. Einziger nennenswerter Absatzerfolg dort war bisher die Order über 2500 Einheiten des U 419, eines mit Pionierausrüstung versehenen U 406, für die US-Army.

Welcher Markenname versprach beim anvisierten Marktstart in den USA und Kanada am zugkräftigsten zu wirken? Frühe PR-Bilder der Exportmodelle zeigten, wie hier zu erkennen, noch das längliche Freightliner-Signet auf der Motorhaube.

Neue Chancen

Am Beginn des 21. Jahrhunderts schien sich die Situation nun anders darzustellen. Einerseits gab es mit den Fahrzeugen der Baureihe 405 ein technisch hochmodernes Produkt mit klar definiertem Profil, vor allem aber bestand durch die neue Konzernstruktur auch besserer Zugriff auf die nordamerikanischen Vertriebskanäle – zumindest potenziell lag hier das Unimog-Schlaraffenland in Form von kaufkräftigen Märkten, auf denen der Klassiker mit all seinen Talenten noch kaum bekannt war. Allerdings hatte es in der Vergangenheit diesbezüglich ein paar Ausnahmen gegeben: So war es dem traditionsreichen US-Truck-Hersteller Freightliner, den Daimler-Benz 1981 in seine Nutzfahrzeugsparte übernommen hatte, 1986 gelungen, von der US Army einen Großauftrag zu akquirieren. Er umfasste die Lieferung von 2500 Unimog U 419, einer speziellen Pionierfahrzeug-Entwicklung auf Basis der Baureihe 406. Öffentlich war der Unimog trotz dieser beträchtlichen Zahl von Fahrzeugen damit aber weiterhin quasi unsichtbar. Seine Präsenz in den USA beschränkte sich wieder auf einzelne Fahrzeuge in Spezialbereichen, zum Beispiel im Fuhrpark mancher Nationalpark-Verwaltungen oder in Zweiwege-Ausführung beispielsweise bei den Verkehrsbetrieben in Chicago, wo sie im kombinierten Straßen- und Schieneneinsatz eingesetzt wurden. Von einer angemessenen Durchdringung des nordamerikanischen Marktes konnte jedenfalls keine Rede sein.

Die Verantwortlichen entschieden sich dafür, den Namen Unimog als Marke zu verwenden und auf das Freightliner-Logo am Fahrzeug zu verzichten. Ohnehin war der Unimog in Nordamerika als eigenständige Marke eingetragen, und so kam ein entsprechender Schriftzug auf die Kurzhaube.

Vielversprechende Exportinitiative

So ergriff man in Gaggenau Ende 2001 unter den Rahmenbedingungen von DaimlerChrysler erneut die Initiative und passte den U 500 innerhalb eines Zeitraums von rund einem Jahr technisch an die Erfordernisse des nordamerikanischen Marktes und dessen gesetzliche Bestimmungen an. Als Schwerpunkte möglicher Unimog-Einsatzbereiche in den USA und Kanada wurden – ähnlich wie auf dem Heimmarkt – Unterhaltungsarbeiten in kommunaler Verantwortung, wie Winter- und Sommerdienst, aber auch die Waldbrand-Bekämpfung identifiziert, Letztere mit Feuerwehr-Aufbauten des legendären Herstellers American LaFrance, der seinerzeit eine Tochtergesellschaft von Freightliner war. Weitere Aufgabenfelder sah man in der Bau- und Energiewirtschaft sowie im Zweiwege-Einsatz. Als ebenso etablierte wie leistungsfähige Absatzkanäle aktivierte man die Händlernetze von Freightliner und deren Gesellschaften, die die Nutzfahrzeugbauer Sterling, Western Star und, wie erwähnt, den Feuerwehrspezialisten American LaFrance umfassten. Diese Strategie erschien erfolgversprechend, da der Unimog zumindest bei Freightliner selbst ja kein Unbekannter war.

Eine Frage der Vermarktungsstrategie

Unter anderem maßgeblich für den Erfolg in Nordamerika war neben der Vertriebsstruktur natürlich auch die Überlegung, unter welcher Markenbezeichnung man den Unimog vor Ort in den Markt einführen sollte. Zwar war „Unimog" in den USA und Kanada als eigene Marke angemeldet, doch war dies aufgrund der weitverbreiteten Unbekanntheit des Fahrzeugs kein Garant für einen Markterfolg. Auch der Mercedes-Stern, der seit der Frühzeit mal größer, mal kleiner an der Front eines jeden Unimog-Modell prangte, schien eher kontraproduktiv zu sein – schließlich wurden Mercedes-Benz Nutzfahrzeuge in Nordamerika nicht angeboten; hier zog man es vor, das Feld den genannten einheimischen Traditionsmarken zu überlassen, die ohnehin zur Lkw-Sparte von DaimlerChrysler gehörten. Dass die zuständigen Entscheider hier vermutlich kontrovers diskutierten, kann man an einer Serie von Pressebildern des Unternehmens erkennen, auf denen die Exportmodelle des 405 zum Teil mit Freightliner-Logo auf der vorderen Stummelhaube, zum Teil auch nur mit einem prominenten Unimog-Schriftzug zu sehen sind. Mercedes-Benz Signets sind dabei nirgends zu erkennen. Am Ende entschied man sich dafür, die U 500 in Nordamerika als Unimog im Freightliner-Programm anzubieten, ohne jedoch das Freightliner-Logo auf den Fahrzeugen zu verwenden. In dieser Form lief dann auch das erste dieser Exportfahrzeuge Mitte November 2002 vom Band.

Gedämpfte Erwartungen

Den Vertriebsprofis in Gaggenau und Stuttgart, wie auch bei den DaimlerChrysler-Tochtergesellschaften in den USA, war von Beginn an klar, dass man die Erwartungen an den Erfolg des Unimog in Nordamerika nicht zu hoch ansetzen durfte. Sie alle beherrschten ihr Handwerk natürlich aus dem „Effeff", aber die Hürden, die es zu überwinden galt, um den Unimog breiteren Interessentengruppen nicht nur bekannt, sondern seine unvergleichlichen Talente auch zu einem schlagkräftigen Kaufargument zu machen, waren hoch – sehr hoch. Da war die einzigartige, über 50-jährige Geschichte des Klassikers von ebenso geringer Bedeutung wie seine Herkunft aus bestem Hause. Und auch seine Eigenschaft als konkurrenzloser Multifunktions-Geräteträger, der dazu noch enorme Geländefähigkeiten in die Waagschale werfen konnte, war kein

Garant dafür, dass etwa im Kommunalbereich oder in der Bau- und Energiewirtschaft Nordamerikas ein Nachfrageboom ausgelöst wurde.

Eine schwierige Aufgabe

Zunächst versuchte man – da für ein Nischenprodukt wie den Unimog ohnehin keine Unsummen in Marketing- und Werbemaßnahmen gesteckt werden konnten –, den Markt von unten aufzurollen. So begann man zunächst mit dem Verkauf der U 500 über eine kleine Anzahl ausgesuchter Freightliner-Händler. Die hatten es nicht leicht, denn es gab einige einheimische Schwergewichte – im wahrsten Sinn des Wortes –, die zwar nicht im Ansatz die Talente eines Unimog besaßen, aber als Zwitter aus Truck und Pickup US-amerikanische Traditionen verkörperten, die tief in den Köpfen (und auch Herzen) potenzieller Kunden verwurzelt waren.

Wettbewerber, keine echten Konkurrenten

Zu diesen Wettbewerbern – als Konkurrenten konnte man sie eigentlich nicht bezeichnen – gehörten an vorderster Stelle der Ford F-650 SuperTruck, der Chevrolet Kodiak und der International CXT. Dabei handelte es sich ohne Ausnahme um wahre Monster: Angetrieben wurden sie durch großvolumige Diesel-V8 mit zum Teil über 300 PS/221 kW Leistung, einem Eigengewicht von über 5 Tonnen und gehöriger Zugkraft von über 7 Tonnen. Was diesen Fahrzeugen abging, war die unerreichte Vielseitigkeit und Effizienz eines Unimog, aber dafür boten sie Fahreigenschaften und Fahrleistungen, die eher denen eines Straßen-Pickup ähnelten, sowie hohen, fast schon Pkw-artigen Komfort in der Kabine und große Transportkapazität. Vor allem jedoch verschafften sie ihrem Lenker eines: den ganz großen, typisch amerikanischen Auftritt mit jeder Menge Chromzierrat und schierer Präsenz. Dagegen wirkte der U 500 – mit seinen Dimensionen und seinem Leistungsniveau seinerseits kein Kind von Traurigkeit – eher wie eine dröge Arbeitsmaschine klassisch europäischen Zuschnitts. Kein Zweifel: Der Unimog punktete zwar mit hoher Perfektion und ausgefeilter Technik – hatte aber eben nix für's Herz… - zumindest nicht für's amerikanische.

Auch in den USA und Kanada, wo man groß dimensionierte Fahrzeuge gewohnt war, zielte man mit dem U 500 unter anderem auf Kunden aus dem Kommunalbereich. Die universellen Talente des Unimog waren aber nur zu hohen Preisen zu haben – und gegen bestens etablierte Wettbewerber.

Die exemplarische Vielseitigkeit und Leistungsfähigkeit, die keiner der einheimischen Konkurrenten auch nur annähernd bot, machte den kostspieligen Unimog trotz hervorragender Anbindung an das Vertriebsnetz von Freightliner zum Exoten.

Auf verlorenem Posten

Fahrzeuge wie die genannten, mit denen der Unimog im Wettbewerb um die Käufergunst stand, zielten zudem in erster Linie auf private Kunden mit ganz anderen Nutzungs- und Einsatzprofilen als sie der Unimog abdeckte. Damit erreichten sie auf dem riesigen nordamerikanischen Markt Stückzahlen, von denen man in Gaggenau nur träumen konnte. In Kombination mit ihrem eher simplen technischen Aufbau konnten sie deswegen auch zu enorm günstigen Verkaufspreisen angeboten werden. Davon profitierten natürlich genauso kommunale und gewerbliche Kundenkreise, die sich unter diesen Bedingungen alles andere als schwertaten, wenn es um eine Kaufentscheidung ging. Und mindestens den winterlichen Schneeräumdienst konnten die US-Monster auf alle Fälle zur allgemeinen Zufriedenheit erledigen.

Heimische Produkte im Vorteil

Um die Marktstellung des Unimog in den USA und Kanada zu verdeutlichen, musste man sich nur umgekehrt die Situation auf dem heimischen, deutschsprachigen Markt vor Augen halten. Zum einen waren hier private Unimog-Käufer eine absolute Seltenheit, zum anderen fanden sich in den kommunalen Fuhrparks fast ausschließlich Nutzfahrzeuge von Mercedes-Benz, darunter der Unimog, und MAN – neben vielleicht einem vereinzelten IVECO oder Fuso, der zur Daimler Trucks gehörenden japanischen Marke. Insbesondere im unteren, aber auch im mittleren Gewichtssegment waren – wie in Nordamerika – einheimische Produkte absolut marktbeherrschend und hatten fast eine Monopolstellung. Kaum ein für die Fahrzeugbeschaffung Verantwortlicher einer deutschen Kommune wäre auf die Idee gekommen, in der Leistungsklasse um die 300 PS/221 kW einen Volvo oder Scania zu ordern – allein schon, um die Fahrzeugflotten für Wartung und Unterhalt möglichst homogen zu halten.

Wie in Europa, so erhoffte man sich auch auf dem Riesenmarkt jenseits des Großen Teichs, steigende Verkaufszahlen durch die beim Unimog möglichen Spezialanwendungen erzielen zu können. Zweiwege-Fahrzeuge waren zum Beispiel im öffentlichen Nahverkehr Chicagos im Einsatz.

Es bleibt bei der Nische

So kam das Schicksal, das den mit einigem, auch materiellem Aufwand auf die nordamerikanischen Märkte abgestimmten U 500 zwischen Atlantik- und Pazifikküste traf, nicht wirklich überraschend. Unter den gegebenen schwierigen Rahmenbedingungen wurde der Unimog zu keinem Zeitpunkt eine relevante Größe in dem erwähnten, für europäische Betrachter etwas merkwürdigen Wettbewerbsumfeld, in dem er sich bewegte. Folglich leisteten die Exportfahrzeuge für die USA und Kanada auch keinen nennenswerten Beitrag zu einer Verbesserung der Absatzsituation. Letztlich verharrten die U 500 aus dem Freightliner-Programm in ihrer Nische, und wurden fast ausschließlich für Spezialanwendungen, wie zum Beispiel als Zweiwegefahrzeug, angeschafft. Auf diese Weise blieben die Absatzzahlen auf einem fast schon homöopathisch zu nennenden, niedrigen Niveau: Zwischen dem Marktstart Ende 2002 und dem Abschluss sämtlicher Exportaktivitäten nach Nordamerika, der 2007 unausweichlich wurde, entschlossen sich nur rund 200 Interessenten aus den USA und Kanada für die Anschaffung eines U 500. Schnell zeigte sich: Für mehr als ein karges Zubrot reichten die Bemühungen um einen Exporterfolg des neuen Unimog nicht. Also musste man sich wieder ausschließlich auf die bekannten Pfade verlassen und hoffen, dass sich die Lage auf den heimischen Märkten mithilfe der neuen Baureihe 405, die kontinuierlich weiterentwickelt wurde, weiterhin besserte.

Schmerzlicher Einschnitt

Dass sich der Unimog einmal aus seiner angestammten Heimat in Gaggenau würde verabschieden müssen, war gegen Ende der 1990er-Jahre noch unvorstellbar. Doch die krisenhafte Entwicklung des DaimlerChrysler-Konzerns beschleunigte die Suche nach effizienzsteigernden Strategien für die Unternehmensführung. Schnell hatten die Verantwortlichen des DaimlerChrysler-Konzerns nach der vom damaligen Vorstandsvorsitzenden Jürgen Schrempp euphorisch beschworenen „Hochzeit im Himmel" lernen müssen, dass die 1998 vollzogene deutsch-amerikanische Fusion weitaus mehr Probleme in sich barg als gedacht und erhofft. Um die zahlreichen und auf vielen Ebenen entstandenen Schwierigkeiten des neuen Firmenkonstrukts zumindest einigermaßen unter Kontrolle zu bringen, wurden auch die einzelnen Geschäftsfelder von Mercedes-Benz verstärkt unter die Lupe genommen. Es war vor diesem Hintergrund nicht überraschend, dass auch der Unimog-Bereich in Gaggenau mit seinen jahrelang latent vorhandenen Wirtschaftlichkeitsproblemen hier in den Blick geriet.

Gaggenau unter Druck

Mit der neuen Baureihe 405 hatte man produktseitig bereits den richtigen Schritt getan, um sich aus der Situation heraus zu manövrieren. Nun musste man auch betriebswirtschaftlich aus der Krise herausfinden und durch Effizienzsteigerungen dank optimierter Prozesse auf allen Ebenen und eine generelle Verschlankung eine bessere Wertschöpfung erzielen. Das betraf selbstverständlich auch einen der Kernbereiche der Unimog-DNA: die Fertigungsstätte am Traditionsstandort Gaggenau. Dort wurden seit Mitte der 1960er-Jahre auch Getriebe und andere Komponenten für Nutzfahrzeuge, darunter ab 1972 Außenplanetenachsen, in großem Stil hergestellt. Schon 25 Jahre zuvor war der Lkw-Bau vor Ort beendet worden, und nur der Unimog verblieb – neben dem vom Sommer 1973 bis 1991 ebenfalls in Gaggenau produzierten, mit dem Unimog verwandten MB-trac – bis auf Weiteres das letzte Komplettfahrzeug, das die Fertigungsanlagen

Das Nordamerika-Abenteuer entpuppte sich für den Unimog auch als ein solches. In den rund fünf Jahren seiner Marktpräsenz gelang es trotz aller Anstrengungen nicht, mehr als etwa 200 Exemplare zu verkaufen.

Was für ein Auftritt: Der International CXT, stets in Doppelkabinen-Ausführung, entsprach mit langer Haube und satten Chromverzierungen geradezu dem Idealbild eines „Über-Pickups". Er war noch um einen halben Meter länger als ein U 500 mit langem Radstand.

Nicht anders sah das bei dem ebenfalls konkurrierenden Chevrolet Kodiak aus. Mit hinterer Doppelbereifung, starkem V8-Diesel, hoher Nutzlast und Zugkraft sowie großer Transportkapazität stachen solche Lowtech-Arbeitspferde den Exoten aus Deutschland mühelos aus.

im Nordschwarzwald verließ. Bis zur Jahrtausendwende nahm die Komponentenproduktion am Traditionsstandort Schritt für Schritt zu. Im Lauf der Jahre ergänzten leichte manuelle Schaltgetriebe für den Einsatz in Pkw und Leichttransportern sowie ab 1998 der Bau von Portalachsen, wie sie damals nicht nur am Unimog, sondern auch in Niederfluromnibussen von Mercedes-Benz zum Einsatz kamen, die Produktpalette. Später kamen noch Drehmomentwandler für automatisierte Getriebe hinzu.

Ein unausweichlicher Schritt

Dank des Booms der Komponentenfertigung in Gaggenau ließ sich über die Jahre die Absatzschwäche beim Unimog einigermaßen kompensieren, aber die Frage nach der Schaffung eines effizienz- und kostenoptimierten Gesamt-Produktionsnetzwerks wurde angesichts der oben geschilderten Rahmenbedingungen mit der Jahrtausendwende immer drängender – zumal man in Gaggenau auch räumlich an Grenzen gestoßen war. Trotz einzigartiger Historie und der festen Verankerung des Unimog an diesem Standort erschien die Fertigung des Klassikers dort zunehmend als Anachronismus. So tat die Konzernleitung den einschneidenden Schritt und beschloss 2001 die Neuausrichtung des Gaggenauer Werks im Produktionsverbund. Angesichts der nahezu 50-jährigen Erfahrung in der Komponenten- und Aggregateproduktion sowie der stets hohen Fertigungsqualität sollte sich der Standort künftig auf genau diese Kernkompetenz konzentrieren und sich vom Unimog trennen. So endete im Jahr darauf auf Basis einer zwischen Unternehmens- und Werkleitung sowie dem Betriebsrat ausgehandelten Zukunftsvereinbarung, der über 90 % der Belegschaft zustimmten, nach einem halben Jahrhundert die Produktion des Unimog in Gaggenau. Stattdessen wurde diese in das rund 40 Kilometer entfernt, nahe Karlsruhe gelegene Lkw-Werk nach Wörth am Rhein

Auch auf kommunaler Ebene fest verankert waren die Konkurrenten des Gaggenauer Multitalents: Sie besaßen klassischen Zuschnitt, waren technisch simpel und genügten den lokalen Anforderungen vollauf – vor allem aber war ein solcher Ford F-650 wesentlich billiger.

verlagert. Dort war seit 1965 die Fertigung aller mittleren und schweren Lkw von Mercedes-Benz zusammengefasst, und es warteten eigens neuerrichtete, hochmoderne Fertigungsanlagen auf das Multitalent. Dass sich aus dieser Umstrukturierung für den Unimog wie für das Unternehmen Effizienzsteigerungen, Synergieeffekte und insgesamt Kostenersparnisse ergeben würden, lag auf der Hand.

Für deutsche Verhältnisse war der U 500 schon ein echter Gigant – man beachte auf diesem Bild die Größenproportion zwischen Fahrer und Fahrzeug. In den USA und Kanada machte er allerdings weniger Eindruck – trotz seiner unkonventionellen Optik machte er zu wenig her…

Konsequente technische Weiterentwicklung

Während die Aktivitäten im Hinblick auf die Etablierung einer Vertriebsstruktur in Nordamerika sich entfalteten und etwa zum gleichen Zeitpunkt der Umzug der Unimog-Fertigung nach Wörth Schritt für Schritt Formen annahm, kam es, technisch betrachtet, für den U 400 und den U 500 der Baureihe 405 zu einer weiteren bedeutenden Modernisierung, die wieder einmal vom Lkw-Bau bei Mercedes-Benz übernommen wurde. Ab Herbst 2003 konnten die beiden Typen auf Wunsch mit einer umfassenden Weiterentwicklung der bisher verwendeten Elek-

Das ab Herbst 2003 für U 400 und U 500 als Option lieferbare „AutomaticShift"-Schaltsystem machte die Getriebebedienung zu einem Kinderspiel. Die Steuerungselektronik schaltete stets selbständig in die geeignetste Gangstufe. Dennoch konnte der Fahrer bei Bedarf eingreifen.

tro-pneumatischen Schaltung EPS ausgestattet werden. Das unter der Bezeichnung „AutomaticShift" angebotene System erlaubte es – ähnlich wie mit einer Vollautomatik –, zu fahren und zu arbeiten, ohne ein Kupplungspedal zu betätigen. Damit wurde das Fahr- bzw. Bedienungspersonal des Unimog zum einen bei Transport- und Arbeitseinsätzen wesentlich entlastet, zum anderen konnte es sich damit noch besser auf die Arbeitsprozesse und das Verkehrsgeschehen konzentrieren. Damit war nicht nur die körperliche Beanspruchung des Schaltvorgangs an sich beseitigt, sondern man durfte nun sämtliche Überlegungen hinsichtlich der je nach Einsatz optimalen Gangwahl nahezu ausschließlich der dafür zuständigen Steuerelektronik überlassen.

Entlastung und Effizienzsteigerung

Die „AutomaticShift"-Technologie wählte die einzelnen Gangstufen zwar automatisch, bediente sich dabei im Gegensatz zu einem herkömmlichen Automatikgetriebe aber keines Drehmomentwandlers. Stattdessen wurde der Antriebsstrang des Unimog lediglich durch eine Reihe von elektronischen und mechanischen Komponenten ergänzt. Dies resultierte in einer deutlichen Gewichtsreduzierung gegenüber einer üblichen Vollautomatik. Gesteuert wurde das ganze System durch die beim Unimog angewendete CAN-Bus-Technologie, die für einen effizienten Datentransport innerhalb der Fahrzeugelektronik inzwischen unerlässlich war. Clou der „AutomaticShift"-Ausstattung war, dass der jeweilige Fahrer nicht auf den vollautomatischen Modus beschränkt war, sondern mittels einer Taste an der Armaturentafel frei zwischen automatischer und manueller Schaltung wählen konnte. Für das Umschalten zwischen den beiden Modi brauchte ebenfalls nicht gekuppelt zu werden.

Clevere Elektronik

Wurde „A" angewählt, erfolgten die Schaltvorgänge automatisch, wobei die Steuerungselektronik stets die situativ optimale Gangwahl traf. Damit dies zufriedenstellend gelang, wurden die Daten zahlreicher Parameter gesammelt und ausgewertet. Dazu gehörten unter anderem der aktuelle Betriebs- und Lastzustand des Antriebsaggregats, die Gaspedalstellung, der aktuelle Betriebsmodus der Dauerbremse sowie topografische Aspekte. In Schalterstellung „M" wurde manuell geschaltet – aber nicht im herkömmlichen Sinn, denn händisch wurde nur die Vorwahl des gerade geeigneten Gangs vorgenommen, Kupplungsbetätigung und Gangwechsel geschahen weiterhin automatisch, ohne Zutun des Fahrers. Ein weiterer Clou war, dass für spezielle Einsatzsituationen bei Bedarf in beiden Modi das im Fußraum eingeklappte Kupplungspedal aktiviert und zugeschaltet werden konnte, sodass der Fahrer volle Kontrolle besaß. Auf diese Weise war es möglich, das in anspruchsvollerem Gelände mitunter nötige „Freischaukeln" weiterhin zu praktizieren. Dies alles aber bei deutlich geringerem Kupplungsverschleiß, denn die im System enthaltene automatische Drehzahlregelung und Drehmomentanpassung des Motors beim Gangwechsel reduzierte den Kupplungsschlupf auf ein Minimum und hatte in der Folge auch günstigen Einfluss auf den Kraftstoffverbrauch. So konnten U 400 und U 500 im „M"-Modus mit Motordrehzahlregelung, eingeschalteter Frontzapfwelle und/oder im Arbeits- und Kriechgang optimal genutzt werden, während dies bei der Arbeit mit Anbaugeräten sowie bei Straßen- und Geländefahrten im „A"-Modus der Fall war.

Die beiden Fahrmodi „A" wie automatisch und „M" wie manuell wurden bei einer Ausstattung mit „AutomaticShift" über diesen zierlichen Wippschalter angewählt. Der Wechsel zwischen den beiden Betriebsarten ging ebenfalls ohne Kupplungsbetätigung vonstatten.

Nicht zuletzt im Winterdienst war das „EQR"-System, eine in „AutomaticShift" vorhandene Vorrichtung, um schnell und ohne den Unimog anhalten zu müssen, zwischen Vorwärts- und Rückwärtsgängen wechseln zu können, eine große Hilfe.

Hoher Praxisnutzen

Eine zusätzliche Effizienzsteigerung brachte die serienmäßig in das „AutomaticShift"-System integrierte Wendeschaltung „Electronic Quick Reverse", kurz „EQR" genannt. Diese übernahm automatisch das schnell hintereinander folgende Schalten von Vorwärts- und Rückwärtsgängen bis zu einer Geschwindigkeit von 6 km/h, ohne dass der Fahrer den Unimog zwischen den Gangwechseln anhalten musste. Solche Fahrmanöver fielen beispielsweise im Winterdienst oder bei Rangierarbeiten häufig an. Nun musste der Anwender nur noch die gewünschte Fahrtrichtung mithilfe einer Schaltwippe vorwählen – den Rest erledigte die EQR von allein. Erfreulich war, dass das komplexe „AutomaticShift"-System für U 400 und U 500, trotz seiner Vielzahl an Vorteilen, zu einem für Unimog-Verhältnisse günstigen Aufpreis von weniger als 3000,- Euro angeboten wurde. Zu Recht erfreute es sich folglich bei der Kundschaft großer Beliebtheit.

Es geht aufwärts

Glücklicherweise, und das hatte sich bereits bis Ende 2003 abgezeichnet, fand nicht nur das beschriebene Hightech-Schaltsystem viele Kunden, sondern allmählich profitierte die gesamte Baureihe 405 verkaufstechnisch vom ungeheuren Input, den die Unimog-Mannschaft in deren Entwicklung gesteckt hatte: Nach vielen Krisenjahren ging es endlich wieder bergauf mit den Absatzzahlen – zuerst noch zaghaft, dann aber in einer kontinuierlichen Aufwärtsbewegung näherte man sich der Schwelle von 1000 Einheiten pro Jahr an. Der Umzug nach Wörth begann sich sofort positiv auszuwirken.

Bereits in den ersten Jahren nach seiner 2000 erfolgten Markteinführung wurde der U 400 zum erfolgreichsten Modell der neuen Unimog-Generation. Überhaupt zeigte die Verkaufskurve nach langer Durststrecke allmählich wieder nach oben.

Als sehr spezielles Marketingtool präsentierte sich der U 500 Black Edition, der 2005 mit Blick auf entsprechende Kundenkreise in der Golfregion auf die Räder gestellt wurde. Als Kooperationspartner fungierte der Bottroper Edeltuner Brabus.

Außen stachen neben der schwarzen Lackierung der silbern leuchtende massive Überrollbügel, die deutlich breiteren Reifen sowie die ungewöhnlich geformte, oben abgedeckte Pritschenumrandung ins Auge.

Unimog-Tuning? Unimog Tuning!

Dass sich die Zukunftsperspektiven des Unimog mit der Einführung der neuen Baureihe 405 sowie der modernen Produktionsinfrastruktur in Wörth nachhaltig verbesserte hatten, demonstrierte der damalige DaimlerChrysler-Konzern anlässlich der im Dezember 2005 veranstalteten Dubai Motor Show seinem dortigen Publikum mit einem geradezu übermütigen Showcar – von dem am Ende dann doch ein paar Exemplare tatsächlich gebaut wurden.

Die Rede ist vom Unimog U 500 Black Edition, der von der Bottroper Tuningschmiede Brabus, im Geschäftsbereich smart auch enger Kooperationspartner von DaimlerChrysler, umfangreich veredelt worden war. Der Neue knüpfte mit seiner Grundidee an die beiden Versionen des 1994 realisierten sogenannten „Funmog“ an, präsentierte sich aber in mancher Hinsicht wesentlich verfeinert und mit klarer Stoßrichtung: Der Unimog U 500 Black Edition war auf die speziellen Kundenwünsche in der Golfregion abgestimmt und kombinierte außerordentliche Geländegängigkeit mit einem Schuss Eleganz im äußeren Erscheinungsbild und besonders gediegenem, geradezu luxuriösem Interieur. Anvisiert wurde eine Zielgruppe privater, solventer Interessenten, die sich in der Golfregion zur Genüge fanden und für Fahrzeuge solchen Zuschnitts begeistern konnten. Zudem unterlag der riesige U 500 vor Ort weder als Stadtcruiser noch als Offroader solchen Limitationen wie seinerzeit der Funmog in Europa oder Japan.

Trotz seiner fast 280 PS/205 kW konnte, obwohl dieses Bild anderes suggeriert, von eigentlicher Fahrdynamik keine Rede sein. In Kurven blieb der 405er eben ein 405er, und auch an Steigungen ging dem Brabus-Unimog schnell die Puste aus.

Unter den Händen der Brabus-Mitarbeiter verwandelte sich die Nutzfahrzeug-Kabine in eine luxuriös-komfortable Behausung, die es in puncto Ausstattungsniveau und Ambiente mühelos mit einer S-Klasse aufnehmen konnte.

Lifestyle-Unimog im Brabus-Look

Dass man diesmal einen 405er zur Basis genommen hatte, war nicht weiter erstaunlich, da sein modernes und individuelles Erscheinungsbild für den gedachten Zweck besonders geeignet war – und die Geländekompetenz eines U 500 reichte in diesem Fall allemal aus. Als eine Kombination aus Stadt-, Freizeit-, Gelände- und Nutzfahrzeug präsentierte sich der U 500 Black Edition außen, vor allem aber in der Kabine komplett überarbeitet. Der optische Auftritt war sowohl durch eine Pritsche mit integrierten Seitenverkleidungen wie auch durch den neu gestalteten Stoßfänger geprägt. Der massive Überrollbügel aus poliertem Edelstahl und die nach oben gezogenen Chrom-Auspuffrohre verliehen dem Ganzen eine sportliche Note.

Jenseits aller optischen und Ausstattungsfinessen fühlte sich der Lifestyle-U 500 da am wohlsten, wo er eine seiner Stärken hatte: im unwegsamen Gelände. In welchen Stückzahlen ihn die anvisierte Kundschaft dennoch für rund 250.000 Euro orderte, blieb unbekannt.

Kabine im Luxus-Outfit

Vor allem im Interieur legte Brabus Hand an und hauchte dem eher schmucklosen Innenraum des Arbeitstiers mithilfe edelster Ausstattungs- und Schmuckelemente das Ambiente eines Luxus-Pkw ein. Zum Einsatz kamen unter anderem zahlreiche Echt-Carbon-Verkleidungen, ein Alcantara-Bezug für Dachhimmel sowie A- und B-Säule, mit feinstem Leder bezogene Sportsitze, ein mit Hochflor-Velours ausgekleideter Fußraum, ein lederbezogenes Sportlenkrad und eine Aluminium-Pedalerie. Die Mercedes-Benz S-Klasse steuerte das Infotainmentsystem COMAND mit großem Digitaldisplay bei, zwei separat voneinander arbeitende Klimaanlagen und ein Highend-Soundsystem rundeten das exklusive Ausstattungspaket ab.

Technik im Serienzustand

Im Unterschied zur sonstigen Brabus-Praxis blieb die Antriebs- und Fahrwerkstechnik unangetastet. Für souveränes Vorankommen sorgte nach wie vor der OM 906 LA mit 279 PS/205 kW, die mit extralangem Achsantrieb eine auf 120 km/h justierte Höchstgeschwindigkeit sicherstellten. Wiederum der Optik geschuldet waren die breiten Niederquerschnittsreifen im Format 455/70 R24 – dagegen wirkten die am U 500 serienmäßigen 315er geradezu mickrig. Die serienmäßige „AutomaticShift"-Schaltung mit anwählbarem manuellen oder Automatik-Modus sowie eine Reifendruckregelanlage und eine Heckseilwinde sollten die vielseitige Verwendbarkeit des Black Edition-Modells als extravaganter Boulevard-Poser, außergewöhnlich kompetenter Geländewagen und leistungsstarke Zugmaschine herausstellen.

Minimale Stückzahlen

Dass dieses sehr spezielle Modell nicht zuletzt als PR-Maßnahme zu verstehen war und insbesondere die Reputation und Präsenz von Brabus als Daimler-Kooperationspartner stärkte, konnte man kaum bestreiten. Als interessantes Geschäftsmodell taugte es wegen der stark eingeschränkten Zielgruppe dagegen weniger. In welchen Stückzahlen der ab 2006 für einen Einstandspreis von rund 250.000,- Euro angebotene Brabus-Unimog tatsächlich hergestellt wurde, ist nicht überliefert. Es dürften – ohne prophetisch zu sein – kaum mehr als ein Dutzend Exemplare gewesen sein.

(Fast) alles neu am 405er

Zu Beginn der zweiten Dekade des neuen Jahrtausends bahnte sich der nächste Generationswechsel im Unimog-Programm an. Er betraf zunächst die inzwischen seit gut zehn Jahren auf dem Markt präsente Baureihe 405er, die zwar ihre Bezeichnung beibehielt, aber tiefgreifend – und weit jenseits einer landläufigen Modellpflege – überarbeitet wurde. Zwar hatten die Absatzzahlen zumindest von U 400 und U 500 im Wesentlichen die Erwartungen erfüllt, und auch von Seiten der Kunden bzw. Anwender hatte es keine grundsätzlichen Klagen über die Qualitäten und Fähigkeiten des Geräteträgers gegeben, doch wie immer konnte und durfte es keinen Stillstand bei der technischen Weiterentwicklung geben, die in immer schnelleren Rhythmen Optimierungspotenziale auch für ein Spezialfahrzeug wie den Unimog erschloss.

Ein besonderer Tag in der Unimog-Historie: Serienstart der neuen 405er-Generation am 22. August 2013. Es waren die ersten Fahrzeuge, die komplett bei Mercedes-Benz Special Trucks am Standort Wörth entwickelt worden waren.

Die neue Kontur der Frontgestaltung ließ den Kurzhauber-Charakter der aktualisierten 405er stärker in Erscheinung treten als beim Vorgängermodell. Durch diese Modifikation reichte auch die Windschutzscheibe noch tiefer herunter.

Weitere Emissionsreduzierung im Fokus

Tatsächlich war das Multitalent nur ein vergleichsweise kleiner Teil einer umfassenden Produktoffensive, die in der langen Geschichte der Mercedes-Benz Nutzfahrzeuge nicht ihresgleichen hatte. Um sich als weltgrößter Hersteller auch in puncto Emissionen und Umweltverträglichkeit weiterhin als branchenführend zu positionieren, wurde ab Sommer 2013 nun auch das Segment der Special Trucks mit Antriebsaggregaten ausgestattet, die nach der neuesten, noch einmal deutlich verschärften Abgasnorm Euro 6 spezifiziert waren. Diese sah erneut ungefähr eine Halbierung des erlaubten Schadstoffausstoßes in den Bereichen Stickoxide und Dieselpartikel vor. Um dies zu erreichen, nahmen die Entwickler eine Reihe von Anpassungen an der Common-Rail-Einspritzung vor, widmeten sich aber vor allem dem System der Abgasnachbehandlung. Um die Effizienz des seit Jahren eingesetzten SCR-Konzepts noch weiter zu steigern, kam jetzt neben dem SCR-Katalysator, dem bekannten Dieselpartikelfilter und der AdBlue-Einspritzung noch ein weiterer 2-Wege-Oxidationskatalysator hinzu. Das unter dem Begriff „BlueTec“ von Mercedes-Benz angewendete Maßnahmenpaket zur Schadstoffreduzierung im Dieselabgas ermöglichte die Einhaltung der Euro-6-Grenzwerte schon zwei Jahre vor ihrem verbindlichen Inkrafttreten für Neufahrzeuge.

Der Unimog 427 kombinierte den relativ kurzen Radstand von 3150 mm mit der hohen Motorleistung von 272 PS/200 kW. Das prädestinierte ihn für Einsätze mit außergewöhnlichen Leistungsanforderungen, die mitunter auch in räumlich beengten Verhältnissen stattfanden.

Wichtig auch bei Nischenfahrzeugen

Dem Unimog und seinen Gefährten aus dem inzwischen eigens geschaffenen Geschäftsbereich Mercedes-Benz Special Trucks (MBS), dem Entsorgungsspezialisten Econic und dem schweren Offroad-Lkw Zetros, brachte dies einen sehr öffentlichkeitswirksamen Auftritt. Damit stellte die Daimler-Nutzfahrzeugsparte schließlich unter Beweis, dass es ihr auch bei Nischenfahrzeugen, die in kleiner Stückzahl hergestellt wurden, wichtig war, den neuesten Stand der Abgasentgiftungstechnologie darzustellen. Nicht zuletzt war das Unternehmen damit auch in der bestmöglichen Position, wenn es um kommunale Beschaffungsvorhaben im Bereich Fuhrparkerweiterung oder -erneuerung ging. Als wohl bedeutendster Kundenkreis für den Unimog legten die in den Kommunen tätigen Verantwortlichen großen Wert darauf, dass – angesichts der umweltsensiblen innerstädtischen oder stadtnahen Einsatzorte – mit den Steuergeldern Fahrzeuge angeschafft wurden, die bereits den höchsten Emissionsschutzanforderungen gerecht wurden.

Neue Unimog-Ära

Dass die im Unimog 405 zum Einsatz kommenden Vier- und Sechszylindertriebwerke OM 934 und OM 936 nun gemäß Euro 6 zertifiziert waren, bildete aber lediglich den medial bestens geeigneten Hintergrund für etwas viel Weitergehendes, denn mit dem Serienstart der aktualisierten 405er Ende August 2013 rollten die ersten Unimog vom Band, deren Entwicklung vollständig am Standort in Wörth vonstattengegangen war. Doch nicht nur damit brach in gewisser Weise eine neue Ära für den ewig jungen Klassiker an. Auch die neuen Fahrzeuge selbst zeigten eine solche Fülle innovativer Ideen und weiterer technischer Verfeinerungen, dass das große Wort von einer „neuen Generation“ im Fall der Baureihe 405 absolut gerechtfertigt war. Interessierte Betrachter durften sich dabei aber nicht vom ersten optischen Eindruck leiten lassen, denn ein flüchtiger Blick auf ihr Äußeres ließ eine große Ähnlichkeit der neuen Modelle zu ihren Vorgängern erkennen. Wer sich mehr Zeit nahm, realisierte jedoch, dass, wenn man sich zum Beispiel das Fahrerhaus ansah, eine optische Ähnlichkeit allenfalls des Grundkonzepts vorhanden war. Die konkrete Gestaltung insgesamt, wie die zahlreicher Details, offenbarte jedoch, dass sich die Entwickler nicht zuletzt mit den Feedbacks der Anwender intensiv beschäftigt und daraus Schlüsse gezogen hatten.

Umfassend aktualisiertes Fahrerhaus

So präsentierte sich die zunächst ins Auge fallende, nach wie vor aus Kunststoff-Verbundmaterial gefertigte Kabine unter Beibehaltung ihrer Grundlinien dennoch erkennbar modifiziert. Insbesondere fiel im direkten Vergleich zur ersten 405er-Generation die veränderte Fahrzeugnase auf. Während sie bei U 300, U 400 und U 500 unterhalb der riesigen Frontscheibe fast übergangslos nach unten abfiel, besaß sie bei den neuen Modellen wieder das klassische Unimog-Kurzhauberprofil. Die Designer brachten zudem die neueste Ausprägung des Mercedes-Benz Kühlergrills mit einer Lamelle und zentral gefasstem Mercedes-Stern zur Geltung.

Was man von außen allerdings nicht erkennen konnte, war, dass hinter dem Kühlergrill gar kein Kühler mehr platziert war. Der war nun, ähnlich wie beim glücklosen Kompakt-Kommunalfahrzeug UX 100 fünfzehn Jahre zuvor, auf die linke Seite hinter das Fahrerhaus gewandert. Das brachte aus Sicht der Konstrukteure manche Vorteile: Durch die andere Unterbringung außerhalb des stets beengten Motorraums konnte die wirksame Kühlfläche deutlich vergrößert werden, was in einer noch größeren thermischen Stabilität der Antriebsaggregate unter extremen klimatischen Bedingungen und hoher mechanischer Belastung bei niedrigen Fahrgeschwindigkeiten resultierte. Darüber hinaus war der neue Einbauort relativ wenig verschmutzungsanfällig. Falls hier dennoch eine Reinigung notwendig wurde, war die gesamte Kühlerbaugruppe optimal zugänglich, wobei die Schutzabdeckung für die Kühlerlamellen ohne Werkzeug abgeklappt werden konnte.

Kompakt in der Raumaufteilung, aber noch besser zugänglich als zuvor präsentierte sich das Motorabteil der neuen 405er. Die Verlegung des Wasserkühlers an die Fahrzeugflanke brachte hier deutliche Vorteile.

Die Veränderungen an der Kunststoffkabine offenbarten sich erst bei näherem Hinschauen. Sehr praxisgerecht war zum Beispiel die nun an der vorderen Dachkante befindliche Anlenkung der Scheibenwischer. Damit lagen sie komplett außerhalb des Sichtfeldes.

Intelligente Detaillösungen

Ebenfalls ein Novum – und eines der zahlreichen wohlüberlegten Details – war die neue Platzierung der Frontblinker, die zusammen mit den Abblendlicht- und den davon getrennten Fernlichtscheinwerfern sowie den Hydraulikanschlüssen in jeweils einem Stahlträger saßen, der von einer als Stoßfänger fungierenden massiven Rohrstruktur geschützt wurde. Die dazu noch versenkt eingebauten runden Leuchteinheiten waren in aktueller LED-Technik ausgeführt und hatten deshalb nur einen minimalen Platzbedarf. Während sich die konventionellen Seitenblinker am gewohnten Platz über dem jeweiligen Radlauf befanden, waren die obligatorischen hochgelegten Zusatzblinker in Baueinheit mit den Zusatzscheinwerfern etwa in Höhe der Windschutzscheibenunterkante zusammengefasst.

Zahlreiche Praxisvorteile

Apropos Windschutzscheibe: War diese schon in der ersten 405er-Generation von imposanter Dimension gewesen, so reichte die in den neuen Modellen verbaute wegen der veränderten Kontur der Kurzhaube noch etwas weiter herunter – und bot infolgedessen von der hohen Sitzposition eine noch bessere Sicht auf das Vorfeld des Fahrzeugs. Einen nicht unwesentlichen Beitrag dazu leistete auch das neue Arrangement der Scheibenwischer. In typischer Daimler-Manier, auch bei Details hohen Aufwand zu treiben, war deren Antrieb vom herkömmlichen Platz direkt unterhalb der Frontscheibe aufs Kabinendach verlegt worden. Bei der ersten 405er-Generation waren die beiden riesigen Wischer in Ruhestellung schon unorthodox angeordnet, um möglichst wenig die Sicht aus der Kabine zu beeinträchtigen: Der in Fahrtrichtung linke, fahrerseitige Wischer hatte parallel zur Windschutzscheibenunterkante, der rechte am rechten Scheibenrand angelegen. Durch die Anordnung der Antriebsachsen auf dem Dach und dementsprechend nach unten hängenden Wischern wurde es nun möglich, diese zum einen in Ruhestellung komplett aus dem Sichtbereich zu entfernen und zum anderen eine simple gegenläufige Wischerkinematik vorzusehen.

Ein leidiges Thema

Praktischerweise bot der kleine, für die Unterbringung des Scheibenwischergestänges erforderliche Aufbau an der Dachvorderkante Platz genug, um auch ein Unimog-Dauerthema endgültig aus der Welt zu schaffen: die Platzierung des vorderen Nummernschilds. Seit Jahrzehnten haderten Anwender mit diesem Ärgernis, denn wer mit einer Frontseilwinde, vor allem aber mit einem Frontanbauschild, einem Frontkraftheber oder gar mit angekoppelten Frontanbaugeräten unterwegs war, wusste letztlich nicht, wohin mit dem lästigen, aber natürlich vorgeschriebenen vorderen Nummernschild. Erstaunlicherweise kamen auch von einem höchst akribischen Hersteller wie Mercedes-Benz über Jahrzehnte keine Initiativen, wie das Problem zu lösen war. Dort hatte man sich, ebenso wie im Kundenkreis, über die Zeit offenbar mit Improvisationslösungen oder gar dem einfachen – und selbstverständlich verbotenen – Abnehmen des Kennzeichens angefreundet, zumal die Ordnungshüter im regulären Straßenverkehr hier fast immer ein Auge zudrückten. So suchte man bereits auf zahlreichen Pressebildern, die einen U 300, U 400 oder U 500 in Aktion zeigten, ein vorderes Kennzeichen vergebens – oder es war provisorisch am hinteren oberen Ende der Motorhaube befestigt. Bei den neuen 405ern rückten die Entwickler nun endlich dieser Unzulänglichkeit zu Leibe. Sie sahen an der Vorderseite des auf dem Kabinendach platzierten Scheibenwischergestängekastens eine geeignete Befestigung für das Nummernschild vor – eine Lösung, die man mithilfe von Metall- oder Kunststoffspangen schon früher hätte realisieren können.

Der U 530 war der König unter den neuen 405ern. Zwar teilte er sich die 299 PS/220 kW bereitstellende Spitzenmotorisierung mit dem kleineren U 430, doch mit einer höchstzulässigen Gesamtmasse von 16,5 Tonnen spielten die 500er in einer eigenen Liga.

Die neue Kühlerabdeckung mit einem breiten Steg und großem Mercedes-Stern brachte die gewünschte Familienähnlichkeit mit anderen Modellen aus dem Mercedes-Benz Nutzfahrzeugprogramm. Wie stets leicht versetzt, ist hier die Frontzapfwelle zu erkennen.

Der neuerdings seitlich angeordnete Wasserkühler der neuen 405er war bestens erreichbar und mit einer Schutzabdeckung versehen. Diese konnte ohne Zuhilfenahme von Werkzeug abgeklappt und mühelos gereinigt werden.

In den mittels stabiler Schutzrohre verstärkten vorderen Stoßfänger waren die in hochmoderner LED-Technologie ausgeführten Leuchteinheiten versenkt eingebaut. Ebenfalls befanden sich hier vier Hydraulikanschlüsse.

Sichtverhältnisse weiter optimiert

Um die Sichtverhältnisse aus dem Fahrerhaus der neuen 405er-Fahrzeuggeneration so optimal wie möglich zu gestalten, stand neben den ebenfalls tief heruntergezogenen Seitenscheiben und den großformatigen vierteiligen Außenspiegeln erstmals auch die aufpreispflichtige Option eines Frontkamerasystems mit zugehörigem Monitor in der Kabine zur Verfügung. Hierdurch konnten letzte verbleibende tote Winkel, die für die hoch über dem Geschehen thronenden Unimog-Anwender ein beständiges Unsicherheitspotenzial darstellten, ausgeschaltet werden. Schließlich hatten die Fahrerhausdesigner noch die rückwärtige Kabinenscheibe gegenüber den bisherigen Modellen ein gutes Stück tiefer gezogen und damit vergrößert. So bot sich, zumindest wenn kein hoher Aufbau vorhanden war, auch ein besserer Blick nach hinten.

Die von außen erkennbaren Veränderungen an der neuen Kabine waren aber nur die eine Seite der Medaille, und noch bevor man auf die ebenso zahlreichen Aktualisierungen im Innenraum des Fahrerhauses aufmerksam wurde, fiel der Blick auf andere Neuerungen, die mindestens so bedeutsam für die weiter gesteigerte Praktikabilität der zweiten 405er-Generation waren.

Baukastensystem reloaded

Was allen Betrachtern der neuen Generation von 405er-Modellen – neben der deutlich modifizierten Kabine – ebenfalls sofort auffiel, war, dass es offenbar eine ganze Reihe neuer Radstandmaße gab. Ein unverkennbarer Hinweis darauf, dass die Typenpalette wieder umfangreicher geworden war. Nach Jahren bewusster Beschränkung auf relativ wenige Modellvarianten, die unter anderem aufgrund der schwierigen Ertragssituation im Unimog-Bereich notwendig geworden war, hatten sich zu Beginn der zweiten Dekade des neuen Jahrtausends manche wichtigen Parameter offenbar wieder so positiv entwickelt, dass ein feingegliedertes Fahrzeugangebot wieder darstellbar war. Man konnte vermuten, dass die Produktionsinfrastruktur im Mercedes-Benz Lkw-Werk Wörth inzwischen so weit optimiert war, dass diese Möglichkeit nun wieder gegeben war. Was den Unimog selbst betraf, durfte man auch davon ausgehen, dass man das schon seit Jahrzehnten gepflegte Baukastensystem dank neugewonnener Rentabilität noch einmal wesentlich verfeinert hatte

Das Fahrerhaus der neuen 405er-Generation war selbstverständlich wieder kippbar ausgeführt. Allerdings war es unnötig, das vordere Nummernschild – wie hier – an die Unterkante der Windschutzscheibe zu klemmen. Vorne am Dach gab es nun zwei zierliche Halterungen dafür.

Verbreiterte Modellpalette

So präsentierte sich denn die mit der Markteinführung lieferbare Auswahl aktualisierter 405er überraschend umfangreich und komplex. Grundsätzlich waren die von der ersten Fahrzeuggeneration bekannten drei Typenfamilien U 300, U 400 und U 500 beibehalten worden, zeigten sich jetzt aber weiter ausdifferenziert, was sich auch an den Modellbezeichnungen widerspiegelte. Hier hatte man im Unterschied zu den Vorgängern die alte – und gelegentlich für Verwirrung sorgende – Unimog-Tradition wieder aufgenommen, mit den beiden letzten Ziffern des Typennamens die ungefähre Motorleistung anzuzeigen. So fungierte als zunächst einziger Vertreter der 300er-Reihe das Modell U 318. Im darüber positionierten Segment der 400er waren mit dem U 423, dem U 427 und dem U 430 gleich drei Modelle verfügbar, und bei den 500ern mit dem U 527 und dem U 530 deren zwei.

Eine Ergänzung des bisherigen Programms stellte dagegen die als Einsteigerklasse konzipierte 200er-Reihe mit den beiden Modellen U 216 und U 218 dar – man mochte offenbar auch die Kategorie der „leichten Modelle" nicht endgültig abschreiben. Potenzielle Kunden hatten damit die Möglichkeit, auch wieder kompaktere Modelle mit Motorisierungsalternativen auszuwählen. Zugleich wurde das gute Gefühl vermittelt, auch hier einen optisch „echten" Unimog zu erwerben.

Neu sortierte Radstandvarianten

Gemäß alter Unimog-Tradition waren die verschiedenen Motorisierungsoptionen und Typenkategorien unter anderem an bestimmte Radstandmaße gebunden. Während es bei den Modellen der ersten 405er-Generation, je nach Leistungs- und Gewichtsklasse, insgesamt vier unterschiedliche Radstände gab, standen für die neuen Fahrzeuge deren sechs zur Verfügung. Die Modelle U 216 und U 218 waren dabei nur mit dem einheitlichen Maß von 2800 mm erhältlich. Das waren stattliche 280 mm weniger als beim U 300 der ersten Generation, der bei den anvisierten Käuferzielgruppen kaum Beachtung gefunden hatte und schon nach wenigen Jahren aus dem Modellprogramm verschwunden war. Bei den neuen 300er-Modellen stellte das Maß von 3000 mm für den zunächst nur lieferbaren U 318 ein Novum in der Unimog-Historie dar.

Der besonders kurze Radstand von 2800 mm war den neuen Einsteigermodellen vorbehalten. Nach Serienende des kompakten U 20, der seit 2007 die kleine Klasse abgedeckt hatte, durften die Nachfolger nichts von dessen Wendigkeit einbüßen.

Auch in einem Spezialfahrzeug wie dem Unimog profitierten sowohl der Diesel-Vierzylinder OM 934 als auch sein Sechszylinder-Bruder OM 936 von der modernsten verfügbaren Mercedes-Benz Abgasreinigungs-Technologie namens „BlueTec".

Drei Radstände wurden dagegen von Beginn an für die 400er-Modelle angeboten: Die Kompaktvariante mit 3000 mm war ausschließlich für den U 423 verfügbar, während der lange Radstand von 3600 mm sowohl für diesen wie in Kombination mit den beiden anderen Modellen U 427 und U 430 bestellbar war. Dazu gab es noch eine Zwischengröße von 3150 mm, die nur für die beiden letzteren Modelle angeboten wurde. Wie schon häufig in der Unimog-Historie waren den Topmodellen besondere Maße vorbehalten. U 527 und U 530 konnten ausschließlich mit den Radständen 3350 mm und 3900 mm geordert werden. Über das gesamte Angebot betrachtet, war es einigermaßen überraschend, dass im Vergleich zu den Modellen der Vorgängergeneration drei gänzlich neue Maße eingeführt wurden. Es lag nahe, das diese Vielfalt tatsächlich dem weiter optimierten Baukastensystem und den effizienteren Produktionsmethoden geschuldet war.

Aktualisierte Motoren

Neu sortiert präsentierten sich auch die Leistungsstufen der einheitlich nach der Abgasnorm Euro 6 zertifizierten Antriebsaggregate. Der Vierzylinder-Diesel OM 934 kam in den Modellen U 216, U 218, U 318 und 423 zum Einsatz, während sein sechszylindriger Bruder OM 936 in die Typen U 427 und U 430 sowie U 527 und U 530 eingebaut wurde. Die hochmodernen Selbstzünder-Triebwerke mit zwei obenliegenden Nockenwellen sowie zweistufiger Turboaufladung und Ladeluftkühlung lieferten, verglichen mit ihren Vorgängern OM 904 und OM 906, nicht nur wesentlich günstigere Verbrauchs- und Emissionswerte, sondern hoben auch die Leistungsausbeute auf ein neues Niveau. Der 5,1 Liter große Vierzylinder deckte dabei das Spektrum bis 231 PS/170 kW ab, der 7,7 Liter Hubraum aufweisende Sechszylinder den Bereich von 272 PS/200 kW bis 299 PS/220 kW. Bei der Vorgängergeneration hatte der OM 904 nur maximal 177 PS/130 kW und der Sechszylinder 286 PS/210 kW bereitgestellt. Bemerkenswert war in diesem Zusammenhang zum einen, dass die stärkste Triebwerksversion erstmals bei einem Unimog an der 300-PS-Grenze kratzte, und zum anderen, dass Motorleistungen von deutlich über 200 PS nun auch von einem Vierzylinder realisiert werden konnten – mit allen Vorteilen im Hinblick auf reduzierte Betriebskosten.

Leichte Kategorie neu gedacht

Bei den nun deutlich attraktiveren Einsteigermodellen in die 405er-Palette war es den Entwicklern mithilfe des 2800-mm-Radstands auch gelungen, trotz der großen Baubreite einer U 216- und U 218-Kabine von 2200 mm, eine vorbildliche Wendigkeit sicherzustellen. Das war in der kleinen Klasse eine zentrale Kundenanforderung. Tatsächlich betrug der Wendekreis der neuen Modelle exakt 12,6 m – ein Wert, mit dem man sich in Regionen größerer Pkw bewegte.

Die 500er-Modelle – hier ein Unimog 527 – waren alternativ auch in einer Langversion mit 3900 mm Radstand zu haben. Die Kernkompetenz solcher Fahrzeuge lag außerhalb urbaner Räume. Ausgestattet, wie im Bild zu sehen, mit einem Triomäher, bearbeiteten sie stattdessen große Flächen mit hoher Effizienz.

U 216 und U 218 waren die Verkaufsbezeichnungen für die neue kleine und zugleich leichte Unimog-Klasse. Anders als ihr Vorgänger U 20, waren sie auch optisch lupenreine Familienangehörige der neuen Baureihe 405.

Die umfassende Modernisierung der 405er machte auch vor stilistischen Details wie der Gestaltung des Typenschriftzugs nicht halt. Das zentrale Verkaufsargument branchenführender Technologie zur Emissionsreduzierung durfte hier nicht fehlen.

Breit abgedeckte Gewichtsklassen

Hinsichtlich der zulässigen Gesamtgewichte bzw. Gesamtmassen hatte man über die lieferbare Modellpalette hinweg eine gut ausbalancierte Verteilung vorgenommen. Dabei waren alle Versionen in drei, eine sogar in vier unterschiedlichen Ausführungen zu bekommen, was alle nur denkbaren Einsatzprofile der neuen 405er abdecken sollte. U 216 und U 218 waren einheitlich mit 7,5, 8,5 oder 10 Tonnen zulässigem Gesamtgewicht erhältlich. Als Bindeglied zwischen den leichten und den mittelschweren Modellen fungierte der U 318, der zwar mit begrenzter Motorleistung von 177 PS/130 kW, aber einem maximal zulässigen Gesamtgewicht von bis zu 11 Tonnen aufwartete. Darüber positioniert waren die Modelle der 400er-Serie, die sämtlich mit zulässigen Gesamtmassen von 11,99, 13 und 13,8 Tonnen zu ordern waren. Die beiden Topmodelle der neuen 405er-Generation, U 527 und U 530, legten noch mal eins drauf und waren auf Gesamthöchstgewichte von 11,99, 15 und 16,5 Tonnen justiert.

Vergleichbare Dimensionierung

Die überarbeitete Kabine sowie die neuen Radstandmaße führten natürlich auch zu veränderten äußeren Dimensionen der neuen 405er. Die Kompaktmodelle U 216 und U 218 mit ihrem kurzen Radstand von 2800 mm wiesen im Sinne größtmöglicher Wendigkeit eine Fahrzeuglänge von nur 4980 mm auf. Was das Format der Pritsche anbetraf, so maß diese 2200 mm in der Länge und 2075 mm in der Breite. Geringe Unterschiede zwischen alt und neu ergaben sich in der mittleren Leistungsklasse, die bei der ersten 405er-Generation vom U 400 und nun zum Marktstart der neuen gemeinsam von U 318 und U 423 verkörpert wurde. Hier betrug die Außenlänge bei 3000 mm Radstand 5155 mm und bei der langen Version mit 3600 mm Radstand 5755 mm, insgesamt 50 bzw. 135 mm mehr als beim U 400. Die Pritschenlänge der neuen Geräteträger-Mittelklasse war mit 2385 mm bzw. 2900 mm bei der Langversion hingegen quasi identisch – dem kürzeren Modell fehlten im Vergleich lediglich 15 mm in der Länge.

Dieses mit allen Technikbauteilen komplettierte, rollende Chassis eines Fahrzeugs der Baureihe 405 macht augenfällig, wie effizient die Raumaufteilung gestaltet war. Der von der Front an die Seite verlegte Kühler machte das Package noch gedrungener.

Breite am Limit

Bei den neuen schweren 500ern, den Typen 527 und 530 mit ihren speziellen Radstandmaßen von 3350 oder alternativ 3900 mm, legten die Gesamtlängen der Fahrzeuge gegenüber der Vorgängerbaureihe leicht zu: Mit dem kürzeren Radstand war ein Zuwachs von 5380 mm beim alten U 500 auf 5440 mm bei den neuen Modellen und beim Maximalradstand von 6120 mm auf 6215 mm zu verzeichnen. Die Pritschenmaße waren hier in beiden Fällen bis auf einzelne Zentimeter nahezu identisch: Bei den neuen Modellen betrugen sie 5440 mm bzw. 6215 mm. Insgesamt also hatten die Entwickler darauf geachtet, dass die Dimensionen der modernisierten 405er sich nicht wesentlich von jenen ihrer Vorgänger unterschieden. Insbesondere traf das auch für die Fahrzeugbreite zu, die bei der ersten 405er-Generation mit 2200 mm bzw. 2300 mm beim U 500 schon eine Obergrenze erreicht hatte. Konsequenterweise überschritten die neuen Modelle dieses Maß nicht, um keine Einbußen in der Fahrzeugbeweglichkeit in räumlich beengten Einsatzorten hinnehmen zu müssen.

Weiter optimiert: Innenraum und Bedienung

Jenseits aller Äußerlichkeiten bildete die Kabine auch im Hinblick auf Sicherheit und Wohlbefinden des Fahr- und Mitfahrpersonals einen Schwerpunkt der Entwicklungsarbeit für die neue 405er-Generation. Schließlich handelte es sich hier um einen Arbeitsplatz, und als solcher sollte dieser in puncto Geräumigkeit und Bedienungskomfort seinen Nutzern bestmögliche Entlastung bieten. Das löste der Innenraum zunächst einmal durch sein großes Platzangebot ein. Je nach Ausführung fanden ein oder zwei Mitfahrer mehr als genug Bewegungsraum. Ein zentrales Element war hier zum einen der ebene, ohne Getriebetunnel auskommende Kabinenboden, zum anderen aber auch die große lichte Höhe des Fahrerhausdachs. Dank des vergleichsweise riesigen Kopfraums – und angenehmerer Trittstufen – konnten sämtliche Passagiere relativ mühelos ein- und aussteigen, und auch wenn man Platz genommen hatte, war es kaum einmal nötig, bei irgendwelchen Bewegungen in der Kabine den Kopf einzuziehen. Dass das neue Fahrerhaus mit all seinen Qualitäten auch den Einsteigermodellen zugutekam, war dabei ein wichtiges Verkaufsargument.

Das Leistungsspektrum der neu zum Einsatz kommenden Vierzylinder-Diesel der Baureihe OM 934 mit gut 5,1 Liter Hubraum reichte bis 231 PS/170 kW. Erstmals wurde damit im Unimog die 200-PS/147-kW-Schwelle mit einem Vierzylinder überschritten.

Weiter optimiert wurden die Sichtverhältnisse für die Anwender durch eine gegen Aufpreis lieferbare Frontkamera. Oben an der Frontscheibe befestigt, erlaubte sie einen Blick auch in die letzten toten Winkel.

Mehr Fahrerinformation

Ins Auge fiel auch ein neugestalteter Instrumentenblock, der nicht nur von einer überarbeiteten, noch einmal attraktiveren Optik, sondern auch von einem umfassend aktualisierten Bedien- und Anzeigekonzept profitierte. Kernstück war hier ein zwischen den beiden großen Rundinstrumenten Tachometer und Drehzahlmesser platziertes TFT-Farbdisplay mit einer Diagonalen von 10,4 Zentimeter (4,1 Zoll). Auf ihm konnte der Fahrer eine Fülle von dauerhaft angezeigten und/oder via Bordcomputer extra abrufbaren Informationen ablesen. Dazu gehörten beispielsweise – ebenfalls neu – eine Reifendruckanzeige, eine Gang- bzw. Schaltanzeige, die jeweils nach momentanem Fahrzustand die beste Gangwahl empfahl, eine Kraftstoffverbrauchsanzeige, eine Anzeige für den aktuellen Funktionsstatus der Geschwindigkeitsregelanlage sowie weitere für Uhrzeit und Außentemperatur. Statt, wie in der ersten 405er-Generation, mit einer gemeinsamen Abdeckscheibe relativ freiliegend untergebracht zu sein, waren die drei Hauptelemente des neuen Instrumentenblocks, die beiden analogen Rundinstrumente und das TFT-Display, nun versenkt und durch Blenden voneinander getrennt eingebaut. Bei ungünstiger Sonneneinstrahlung brachte dies Vorteile beim Ablesen.

Wie im Pkw: Multifunktionslenkrad

Im Rahmen des neuen intuitiven Bedienkonzepts wurde auch, wie seit längerem schon bei Pkw und Transportern üblich, ein Multifunktionslenkrad eingeführt. In Höhe und Neigung verstellbar, präsentierte es sich mit seinen vier Speichen nicht nur neu gestaltet, sondern auch als praktisches Kontrollorgan für zahlreiche oft genutzte Funktionen. So konnten mithilfe der beiden Tastengruppen zum Beispiel der Bordcomputer, das Radio und die Motordrehzahl gesteuert werden – im Idealfall, ohne den Blick von der Straße abzuwenden. Mit Ausnahme zweier Drehschalter – einer zur Bedienung des Fahrlichts, der andere zur Betätigung der Sperrdifferenziale – und der mittels Rändelrad regelbaren Scheinwerferhöheneinstellung befanden sich alle sonstigen Bedientasten sorgfältig sortiert in der Mittelkonsole. Auch eine 24-V-Steckdose war dort vorhanden. Alternativ konnten auf Wunsch auch zwei 12-V-Steckdosen spezifiziert werden, eine in der Mittelkonsole, eine hinter dem Fahrersitz angeordnet. Ein Schalter ermöglichte es praktischerweise, dass der Bediener zwischen beiden Steckdosen hin und her schalten konnte.

Endlich genug Stauraum

Neben dem Ziel, eine möglichst optimale Ergonomie zu erreichen, hatte auch die Schaffung eines guten Raumklimas Vorrang bei der Fahrerhausentwicklung. Entsprechend zeigte sich die Klimatisierung komplett überarbeitet. Insbesondere Heizung und Lüftung waren nun besser dosierbar, und die Luftströmung ließ sich besser verteilen. Schließlich rückte man auch noch einem der wenigen Kritikpunkte zu Leibe, die die Kabine der ersten 405er-Generation betroffen hatte: dem der zu wenigen Staumöglichkeiten. Jetzt gab es – neben den bekannten Türtaschen mit den obligatorischen Cupholdern – hinter den Beifahrersitzen eine großvolumige quaderförmige Ablagebox mit Deckel, in der jede Menge private oder Arbeitsutensilien untergebracht werden konnten.

Angesichts der mitunter eher schmutzigen Arbeitseinsätze, die seit jeher zum Unimog-Alltag gehören, erschien das neugestaltete Interieur fast schon unpassend stylisch. Zweifarbige Verkleidungen und äußerst ansehnliche Bezugsmaterialien schufen ein Wohlfühlambiente.

Mehr Technik, mehr Gewicht

Ließ man die sichtbaren Veränderungen, von denen die Fahrzeuge der zweiten 405er-Generation profitierten, außer Acht und wandte sich stattdessen den Neuerungen zu, die sich den Blicken entzogen, konnte man feststellen, dass das Rückgrat des Unimog-Geräteträgers, der ungekröpft ausgeführte Leiterrahmen, trotz einem Mehr an Komponenten und dem an die linke Fahrzeugflanke verlegten Kühler, im Wesentlichen unverändert geblieben war. Um der ständig höher werdenden technischen Spezifikation und der zwangsläufig damit verbundenen Gewichtszunahme zu begegnen, hatten die Entwickler allerdings die U-Profile der Längsträger mit einer Reihe von Erleichterungsbohrungen versehen, die jedoch die grundlegende Stabilität der Konstruktion nicht beeinträchtigten. Demselben Ziel diente auch die nun weitreichendere Verwendung von hochfesten Stählen sowie ein höherer Anteil von Kunststoff- und Leichtmetallbauteilen. Zu letzteren gehörten auch die erstmals für den Unimog auf Wunsch lieferbaren Aluminiumfelgen, die mit ihrem nahezu chromglänzenden Finish nicht nur hübsch aussahen, sondern auch wesentlich höheren Belastungen standhielten als herkömmliche Stahlfelgen. Kompensiert werden konnten auf diese Weise zum Beispiel die zusätzlichen Kilogramm der bei den neuen Modellen verstärkten Portalachsen.

Revolutionärer Hydrostat

Ebenfalls außerhalb des sichtbaren Bereichs blieben die gegenüber den Vorgängermodellen erfolgten Weiterentwicklungen an der Hydraulikanlage der neuen 405er. Die insgesamt vier Kreise der Arbeits- sowie der Leistungshydraulik wurden dank der PS-stärkeren Motoren noch leistungsfähiger. Die Bedienung erfolgte durch je zwei Drucktasten vorne und hinten am Knauf des auf der Mittelkonsole positionierten Joysticks. Ein besonderes technisches Highlight und zugleich eine Weltpremiere war auch

Das zwischen den beiden Rundinstrumenten angeordnete und bei der zweiten 405er-Generation deutlich vergrößerte TFT-Farbdisplay lieferte jede Menge fahrzeugbezogene und allgemeine Informationen ins direkte Blickfeld des Fahrers.

der komplett neu konstruierte hydrostatische Fahrantrieb. Das eine vollkommen stufenlose Geschwindigkeitsregulierung bis hin zu Kriechgeschwindigkeiten erlaubende System war nun direkt mit dem normalen, auf den (Verbrennungs-)Fahrmotor wirkenden Tempomaten vernetzt. Zudem konnte jetzt bis zu einem Tempo von 50 km/h zwischen der hydrostatischen und der Verbrennungsmotor-basierten Kraftübertragung gewechselt werden. Es musste nicht mehr, wie bisher, angehalten werden, um vom einen ins andere System zu schalten. Zudem konnten alle Funktionen des neuen Systems mit den für das normale Fahren genutzten Pedalen und Bedientasten gesteuert werden; auch das ABS-System war weiterhin in vollem Umfang funktionstüchtig. Insgesamt durfte der neue Hydrostat im Unimog 405 als bedeutende Innovation gelten, die für die Unimog-Anwender einen merklichen Zugewinn an Effizienz und Produktivität mit sich brachte.

Eine Errungenschaft moderner Fahrzeug-Bedienkonzepte fand bei den überarbeiteten Geräteträgern ebenfalls ihren Niederschlag: das Multifunktionslenkrad. Über die Tastengruppe rechts am Lenkrad wurden Bordcomputer, Telefon und die Geschwindigkeitsregelung gesteuert.

In früheren Unimog-Epochen war die Vielfalt verfügbarer Varianten innerhalb der einzelnen Baureihen mitunter kaum mehr durchschaubar. Für die neuen 405er bestand in dieser Hinsicht ein klares Konzept: Die 400er-Modelle waren zum Beispiel in drei Radständen und Leistungsstufen erhältlich.

Das Ein- und Aussteigen in die stark verbesserte Kabine der neuen 405er gestaltete sich dank überarbeiteter Trittstufen angenehmer. Überhaupt hatten die Entwickler bei der Konstruktion des Fahrerhauses großen Wert auf eine Entlastung der Anwender gelegt.

Insbesondere die auf Kompaktheit getrimmten kleinen Modelle U 216 und U 218 wiesen mit der relativ voluminösen Kippkabine ihrer größeren Geschwister eine stattliche Fahrzeugbreite auf, was Einsätze, wie der im Bild festgehaltene, nicht gerade vereinfachte.

Ausbau der Kundennähe

Zunehmend entwickelte sich der weitere Ausbau des Lieferprogramms auch in Richtung Komplettlösung für die Kunden. Dabei wurden die Schnittstellen zwischen dem Fahrzeughersteller Mercedes-Benz und den Spezialisten für An- und Aufbaugeräte sowie für Sonderausrüstungen auf eine immer breitere Basis gestellt. Das hatte für alle beteiligten Seiten Vorteile, da existierende Einsatzprofile mit nur einem Fahrzeug optimal abgedeckt werden konnten. Schließlich hatte kaum jemand die Zeit oder die Motivation, nach der Fahrzeuganschaffung sich noch in das Dickicht der Zusatzgeräte oder -aufbauten zu begeben, das ohnehin nur noch Experten durchschauten. So präsentierte sich der neue 405er im Herbst 2014 erstmals auch in aktualisierter Form als Zweiwege-Fahrzeug. Dank höherer Motorleistung, mehr Nutzlast und modernster Elektronik bediente das Werk in Wörth die Spezialausrüster mit einer noch wesentlich zielgenauer auf die Erfordernisse des Zweiwegebetriebs abgestimmten Grundausführung. Dieses eher kleine, aber dennoch feine Marktsegment, in dem der Unimog schon seit Jahrzehnten auch international unangefochten die Nummer 1 war, sollte weiterhin eine Domäne des Klassikers bleiben. Darüber hinaus wurde ab 2015 vor allem für Kunden aus dem Kommunalbereich eine spezielle Vorrüstung für den Einsatz eines Kehrmaschinenaufbaus verfügbar gemacht. Hinter all dem stand vermutlich ein clever ausgedachtes Geschäftsmodell: Da die Vorrüstung nur mit entsprechenden Aufbauten einiger weniger großer Anbieter kompatibel war, spekulierte man sowohl bei Unimog wie bei den beteiligten Aufbau- und Geräteherstellern darauf, dass sich aufgrund der Praktikabilität dieser Lösung die Nachfrage künftig auf das neue Angebot konzentrieren würde und in der Folge die Absatzzahlen stiegen. Ob sich dies letztlich im gedachten Umfang realisieren ließ, blieb jedoch unklar.

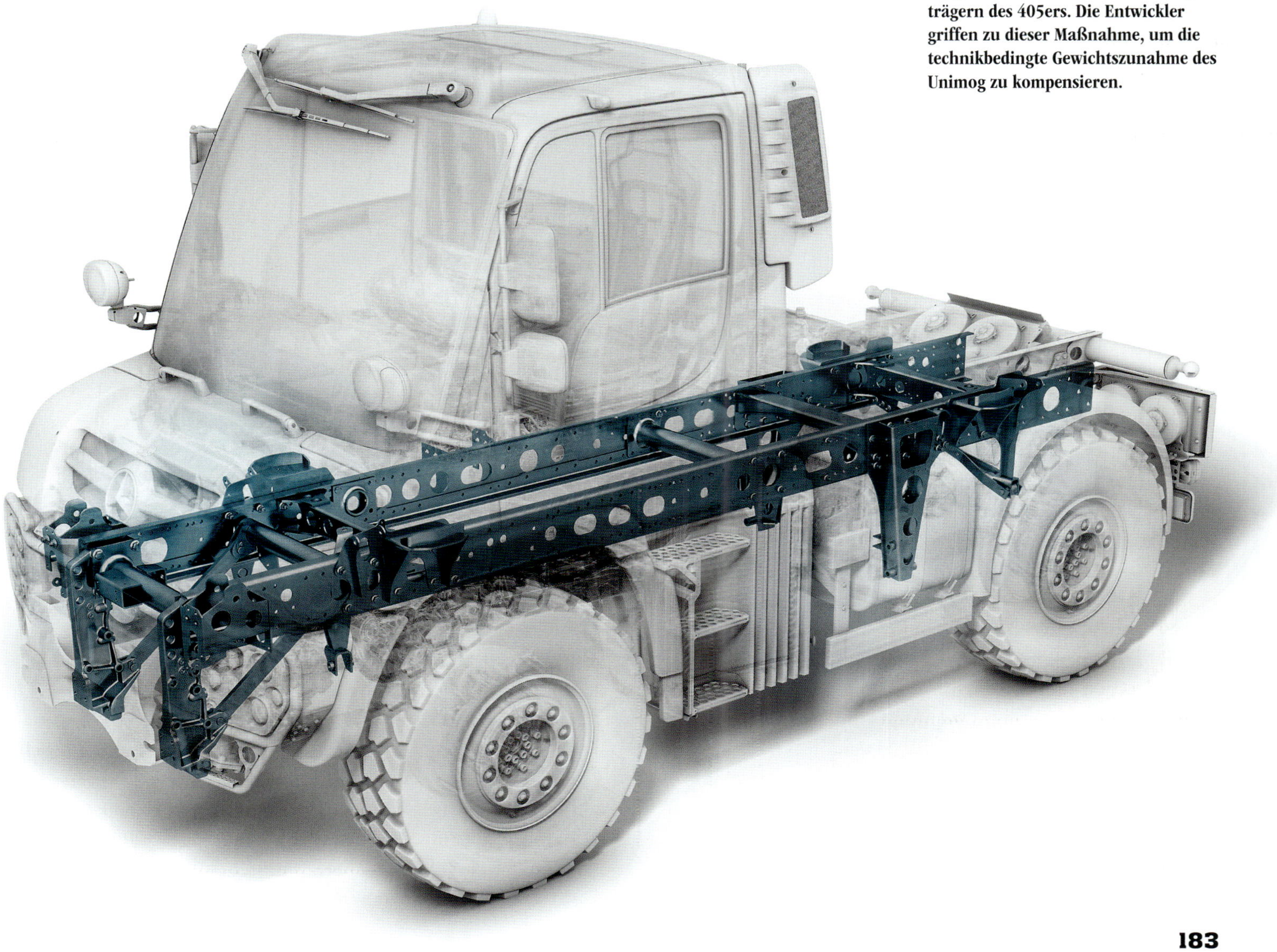

Gut zu erkennen sind auf dieser Grafik die vermehrten Erleichterungsbohrungen an den beiden Rahmenlängsträgern des 405ers. Die Entwickler griffen zu dieser Maßnahme, um die technikbedingte Gewichtszunahme des Unimog zu kompensieren.

Allradlenkung ab Werk

Bereits im Herbst des Vorjahres war für die gesamte Modellpalette ab der gehobenen Mittelklasse, sprich: ab dem U 423 aufwärts, die für die erste 405er-Generation erstmals verfügbar gemachte Allradlenkung werkseitig eingeführt worden. Auch hier waren die Fortschritte in der Fahrzeugelektronik wegweisend. Das System hielt vier Funktionalitäten der Lenkanlage bereit: Als Basismodus die normale Lenkung der Vorderräder, zum Zweiten die Allradlenkung mit gleichzeitigen, aber gegenläufigen Einschlagwinkeln, die den Wendekreis um etwa 20 % verkleinerten und damit für maximale Handlichkeit sorgten; als dritte Funktion gab es die sogenannte „Hundegang"-Lenkung, bei der die Räder der Vorder- und der Hinterachse ebenfalls gleichzeitig, nun aber parallel zueinander eingeschlagen wurden, wodurch der Unimog diagonal bewegt werden konnte; schließlich noch die manuell gesteuerte Lenkung allein der Hinterräder. Mehr Variationsmöglichkeiten waren für die Lenkung eines Vierradfahrzeugs schlicht nicht denkbar, und der multifunktionale Geräteträger genoss hier weltweit eine Alleinstellung, die seine Unentbehrlichkeit für manche Anwendungen einmal mehr unterstrich.

Mit dem neu entwickelten hydrostatischen Fahrantrieb, der sich mit dem regulären vernetzen ließ, konnten Arbeitseinsätze, die ein schnelles Umschalten vom einen in den anderen Betriebsmodus erforderlich machten, wesentlich effizienter erledigt werden.

Neue Chancen im alten Marktsegment

Ebenfalls im Rahmen vertriebsfördernder Maßnahmen wandte man sich beim Unimog 405 auch wieder verstärkt der Landwirtschaft zu – dies weniger aus nostalgischen Gründen als vielmehr aufgrund bestimmter struktureller Trends, die sich in der Agrarbranche abzeichneten und für ein multitalentiertes Spezialfahrzeug möglicherweise interessante Perspektiven boten. Den Marketingverantwortlichen bei Unimog, stets auf der Suche nach Absatzmärkten speziell für den Geräteträger, war nicht entgangen, dass vor dem Hintergrund des andauernden Strukturwandels in der Landwirtschaft die Dienstleistungen von Lohnunternehmern immer stärker nachgefragt wurden. Das war eigentlich keine überraschende Entwicklung, denn angesichts des herrschenden Kostendrucks, dem die meisten Agrarbetriebe ausgesetzt waren, schmerzten Investitionen in den Fuhrpark, insbesondere, wenn es sich um Spezialmaschinen jenseits normaler Traktoren handelte, immer stärker. Deren Beschaffungskosten waren wegen des ständig wachsenden Technisierungsgrades solcher Maschinen inzwischen vielfach ins Astronomische gestiegen und ließen sich auch durch eine höhere Produktivität für die Landwirte kaum mehr rechnen.

Im September 2014 stellte Unimog eine spezieller als bisher auf Zweiwege-Einsätze abgestimmte 405er-Version vor. Mercedes-Benz verfolgte nicht nur hier eine Strategie, die sich immer stärker auf größtmögliche Kundennähe fokussierte.

Die faszinierende Allradlenkung wurde ab etwa Herbst 2014 in die größeren und stärkeren Modelle der Unimog-Typenpalette eingebaut. Gegenläufig um identische Winkelgrade eingeschlagen, machte sie auch Fahrzeuge mit langem Radstand extrem wendig.

Modernisierte Geschäftsmodelle

In diese Lücke sprangen im ländlichen Raum immer mehr Lohnunternehmer, die mit geeignetem Maschinenmaterial gegen entsprechende Bezahlung eine Vielzahl von Arbeiten im Außenbereich erledigten. Bedarfsorientiert bestimmte Aufgaben von fachlich qualifizierten Fremdfirmen mit moderner Maschinenausstattung ausführen und anschließend in Rechnung stellen zu lassen, war betriebswirtschaftlich gesehen wesentlich sinnvoller als Hunderttausende in Spezialmaschinen zu investieren, die nicht entsprechend ausgelastet werden konnten. Diese Überlegung galt für Land- und Forstwirte ebenso wie beispielsweise für Weinbaubetriebe. Zunehmend kam Lohnunternehmern und der durch sie ermöglichten Arbeitsteilung eine Schlüsselrolle für die wirtschaftliche Wettbewerbsfähigkeit von Agrarbetrieben zu. Es wurden auch bereits erste Bewirtschaftungsverträge zwischen Landwirt und Lohnunternehmer geschlossen, die Art, Umfang und Dauer der jeweiligen Aufgabenprofile für beide Seiten verlässlich definierten und dauerhaft regelten. Die Landwirte sparten damit nicht nur hohe Investitionssummen, sondern durch die Arbeitsteilung auch jede Menge Zeit ein, die sie an anderer Stelle sinnvoll einsetzen konnten.

Wurden die Räder parallel zueinander eingeschlagen – einer von insgesamt vier Betriebsarten der Allradlenkanlage – konnte der 405er sogar diagonal fahren. Die Anwender bezeichneten diesen Fahrmodus lässig als „Hundegang".

Wie erwartet, war es nur eine Frage der Zeit, bis auch der Geländegänger-Baureihe 437.4 eine umfassende Modernisierung zuteilwurde. Jedoch waren hier die potenziellen Kundenkreise kleiner und entsprechend der notwendige Spezialisierungsgrad der Fahrzeuge höher.

Mit dem fortgesetzten Strukturwandel in der Landwirtschaft wurden die Fahrzeuge der neuen 405er-Generation wieder eine interessante Option. MBS reagierte darauf mit einer auf Wunsch verfügbaren Agrarausrüstung, die neben dem Front- auch einen Heckkraftheber enthielt.

Nicht die Landwirte wurden als neue Zielgruppe identifiziert, sondern die sich immer stärker etablierende Gruppe der Lohnunternehmer mit ihren Dienstleistungen. Intelligente Arbeitsteilung im Agrarbereich spielte eine immer wichtigere Rolle.

Zu den klassischen Tätigkeiten, die Lohnunternehmer effizient und mit modernster Maschinenausstattung erledigen konnten, gehörten insbesondere Transportaufgaben. Der Unimog 405 war hierfür dank seiner Vielseitigkeit auf und jenseits der Straße bestens geeignet.

Seine Kernkompetenz der Multifunktionalität konnte der Geräteträger – ähnlich wie in alten Tagen – unter veränderten Bedingungen nun auch wieder in der Landwirtschaft voll zur Geltung bringen: erst beladen, dann abtransportieren, und alles mit demselben Fahrzeug.

VEC AF 727

Was bedeutete dieser Trend aber für den Geräteträger? Für den Unimog-Vertrieb eröffnete sich mit den Lohnunternehmern eine absatzmäßig allmählich interessanter werdende Zielgruppe. Die Zahl der in diesem Bereich tätigen Unternehmen wuchs beständig, wobei sich deren Dienstleistungsangebote entsprechend der jeweiligen Kundenstruktur weiter ausdifferenzierten. Es war bei dieser Entwicklung zu vermuten, dass der vielfältig einsetzbare 405er – zumal im eher technisch-maschinenorientierten Umfeld der Lohnunternehmer – als ebenso effiziente wie produktive Arbeits- und Zugmaschine ein durchaus attraktives Investitionsobjekt darstellen konnte.

Geräteträger mit Agrarausstattung

Dies im Blick, nahm man in Wörth, wie es auch in der modernen Unimog-Geschichte eigentlich schon immer der Fall gewesen war, wieder eine spezielle Agrarausstattung ins Programm. Diese fiel äußerst umfangreich und praxisgerecht aus und enthielt unter anderem neben Front- und Heckzapfwelle auch einen vorderen und hinteren Kraftheber, eine variable Anhängerkupplung, die höhenverstellbar war und alle gängigen Kupplungsarten aufnehmen konnte, sowie eine breite Agrarbereifung, die mit unterschiedlichem Luftdruck einsetzbar war. In ihrer voluminösesten Ausführung wies sie die Dimension 495/70 R24 auf und reduzierte in Kombination mit niedrigem Luftdruck die Bodenpressung deutlich.

Teil der Agrarausstattung war auch die spezielle Bereifung, die, je nach Fahrzeugmodell bis zum 495er-Format reichte. Auf weichen Ackerböden war so für optimale Traktion und zugleich für eine geringe Oberflächenverdichtung gesorgt.

Kapitel 6
Unimog 437.4 – der Kreis schließt sich

Mit der erfolgreichen Profilierung der 405er-Modelle als in jeder Beziehung hoch effiziente Geräteträger-Spezialisten, erfreulicherweise wieder steigenden Verkaufszahlen und abgeschlossenem Umzug nach Wörth, ging man bei Unimog daran, die seit langem anvisierte Aufsplittung des Fahrzeugangebots in zwei unterschiedlich zugeschnittene Produktlinien, die der allgemein und von Kundenseite geforderten größeren Spezialisierung Rechnung tragen sollte, voranzutreiben. Ab Ende August 2002 lief am neuen Standort eine umfassend, sozusagen runderneuerte Generation der schweren Baureihe 437 vom Band, deren Positionierung als hochgeländegängiges Transportfahrzeug ihr eine ebenso klare Einsatzprofilierung zuwies, wie das für die 405er Geräteträger bei ihrer Einführung ebenfalls der Fall gewesen war. Obwohl sich vor allem in puncto Antriebstechnik Tiefgreifendes getan hatte, behielt man die generelle Baureihenbezeichnung 437 bei, machte aber zugleich aus dem ursprünglichen Modell im Nachhinein den 437.1 und aus dem Neuling den 437.4.

Die neue Generation des Geländegängers 437.4 (links) komplettierte die umfassend modernisierte Unimog-Palette. Den idealen Anlass zur Modellpflege bot die Umstellung auf die sparsamen und emissionsreduzierten Euro-6-Motoren.

Beim flüchtigen Blick wirkte der neue Offroader wie ein alter Bekannter – doch das täuschte. Zwar war das seit Jahrzehnten bewährte Fahrerhauskonzept im Wesentlichen beibehalten worden, doch insgesamt strotzte die neue Generation nur so vor innovativer Technik.

Täuschende Ähnlichkeit

Zwar hatten die letzten alten 427er und 437er noch die Gaggenauer Produktionsanlagen verlassen, doch wer in Wörth erstmals die Fahrzeuge der neuen 437er-Generation sah, traute seinen Augen nicht: Sie ähnelten ihren Vorgängern fast wie ein Ei dem anderen. Die legendäre Fahrerkabine erwies sich für die gedachten Einsatzzwecke offenbar als nach wie vor perfekt geeignet und zeigte nur wenige Merkmale einer Modernisierung. Im Wesentlichen waren dies etwas kleinere, noch besser geschützt eingebaute Frontscheinwerfer und der an die aktuelle Designsprache von Mercedes-Benz Lkw angepasste Kühlergrill, bestehend aus drei breiten Lamellen und einem groß dimensionierten Mercedes-Stern. Alle anderen Äußerlichkeiten, vom Blinker über den nahe der rechten A-Säule angebrachten Ansaugluftschnorchel bis hin zur planen Windschutzscheibe, präsentierten sich so, wie man es bereits seit Jahrzehnten gewohnt war. Eigentlich war das eine gute Nachricht für alle, denn die Unimog-Community wie auch die Kunden liebten Optik und Qualitäten des klassischen Fahrerhauses; aber auch DaimlerChrysler profitierte davon, denn man konnte sich hohe Investitionssummen für eine aufwendige Neukonstruktion der Kabine getrost sparen – was dem Unternehmen unter den gegebenen Umständen sicher sehr gelegen kam…

Gezielte Modernisierung

Die Aufgabe der Entwickler bestand damit vor allem darin, zum einen den 437.4 dort technisch zu modernisieren, wo es objektiv dringend erforderlich war, und zum anderen dessen Kernkompetenzen als hochgeländegängiges Transportfahrzeug in Abgrenzung zum Geräteträger noch weiter zu schärfen. Auf diese Weise ergaben sich ein klares Angebotsprofil und deutlicher identifizierbare Kundenkreise: Während der 405er vornehmlich im Kommunalbereich, bei Energieversorgern und in unterschiedlicher Funktion bei öffentlichen Verkehrsunternehmen eingesetzt wurde, sollte der 437.4 schwerpunktmäßig zum Beispiel für bestimmte Segmente der Brandbekämpfung, den Katastrophenschutz, die Ressourcenexploration sowie für Wartungs- und Reparaturarbeiten an schwer zugänglichen Stellen der Versorgungsinfrastruktur, wie Pipelines, Stromtrassen o. Ä., prädestiniert sein.

Abgasstandards im Blick

Beim damaligen DaimlerChrysler-Konzern, wo man mit dem Thema Abgasnormen im noch einmal stärker im Fokus der Politik stehenden Pkw-Bereich umfangreiche Erfahrungen gesammelt hatte, nahm man die Bemühungen um niedrigere Abgaswerte nicht nur außerordentlich ernst, sondern setzte sich zum Ziel, hier die Technologieführerschaft zu übernehmen. Damit gedachte man, nicht nur ein Signal an Politik und Gesellschaft auszusenden, sondern sich auch – in völlig zutreffender Einschätzung der künftigen Entwicklung – Vorteile gegenüber dem Wettbewerb zu verschaffen. Man wollte stets der Erste sein, wenn es, auch im Nutzfahrzeugbereich, um die modernste und effizienteste Motorentechnik zur möglichst frühzeitigen Erfüllung neuer Abgasnormen ging. Neben der messbaren Umweltentlastung resultierte diese nebenbei auch in zählbaren wirtschaftlichen Vorteilen für die Betreiber von Einzelfahrzeugen, aber natürlich insbesondere von Flotten. Der deutsche Fiskus begann seinerzeit allmählich, die zu entrichtende Kfz-Steuer auch nach der jeweils vorliegenden Abgasnorm-Klassifizierung des einzelnen Nutzfahrzeugs zu berechnen. Und da kamen

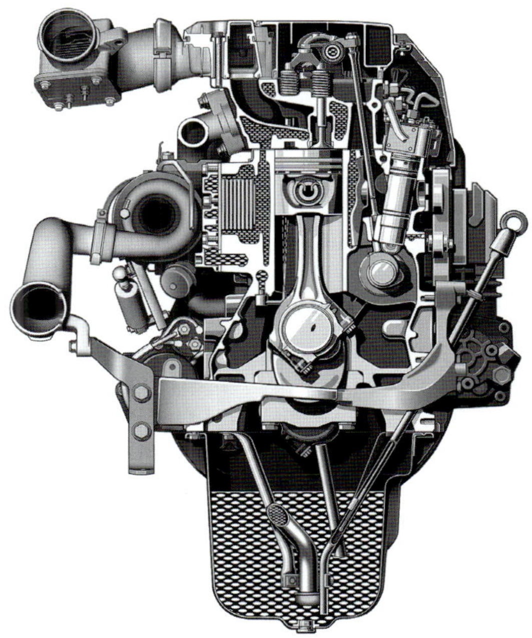

Obwohl der Vierzylinder-Diesel OM 904 LA nahezu zwei Liter weniger Hubraum aufwies als der im 437.1 verwendete alte Sechszylinder OM 366, waren seine Leistungsdaten ebenbürtig. Das moderne Triebwerk bot darüber hinaus großes Potenzial in puncto Schadstoffreduzierung.

Technisch als hochgeländegängiges Transportfahrzeug noch weiter geschärft, war der neue 437er im Wesentlichen auf besonders herausfordernde Einsätze jenseits befestigter Wege abgestimmt. Hier werden U 4000 an den Katastrophenschutz Mecklenburg-Vorpommern übergeben.

beträchtliche Einsparsummen zustande, wenn der Fahrzeugbetreiber sich für ein nach neuester Norm zertifiziertes Nutzfahrzeug entschied. Mit der von DaimlerChrysler offensiv betriebenen Strategie in Sachen Emissionsreduzierung hatte das Unternehmen eine Fülle überzeugender Verkaufsargumente in der Hand, die auch beim Unimog zur Geltung gebracht wurden.

An der Spitze des Fortschritts

Bei der Geräteträger-Baureihe 405 waren bereits U 300, U 400 und das Topmodell U 500 mit den nach Euro 3 spezifizierten Motoren OM 904 und OM 906 ausgestattet, als sie zwischen 2000 und 2001 im Markt eingeführt wurden. Damit unterbot man in Gaggenau den Stichtag, ab dem ausschließlich Lkw mit Euro-3-Motoren erstmals zugelassen werden konnten, deutlich: Dieser war von der Politik auf den 1. Januar 2002 festgesetzt worden – und zeigte noch einmal deutlich verschärfte Grenzwerte. Bei den für die Norm relevanten Schadstoffen handelte es sich um Kohlenmonoxid, Kohlenwasserstoffe und Stickoxide sowie die bei Dieselmotoren besonders berüchtigten Rußpartikel, etwas eleganter auch als Feinstaub bezeichnet. Besonders massiv wurde dabei der Kohlenmonoxid-Ausstoß begrenzt, der nur noch rund 15 % des zehn Jahre zuvor unter den Bedingungen von Euro 1 fixierten Werts erreichen durfte. Bei Kohlenwasserstoffen und Stickoxiden wurde in etwa eine Halbierung der zulässigen Menge vorgenommen, und der Partikelausstoß durfte unter Euro 3 nur noch 100 statt, wie unter Euro 1, 250 mg pro Kilometer betragen. Dies alles waren aus der damaligen Sicht der Fahrzeug- bzw. Motorenhersteller drastische Einschnitte, die Entwicklungskosten verursachten, aber es zeigte sich schnell, dass man die neuen Schadstofflimits durch rein innermotorische Maßnahmen und Weiterentwicklungen, etwa an der Diesel-Einspritztechnologie, ohne größere Probleme einhalten konnte.

Durch seine kleineren Dimensionen, die als Nebeneffekt auch ein geringeres Gewicht mit sich brachten, machte es keine Probleme, den rund 4,3 bzw. in seiner Version als OM 924 4,8 Liter großen Vierzylinder im eher knappen Raum unter der Kurzhaube zu platzieren.

Der neue 437er war bei solchen Untergrundbedingungen eher noch mehr in seinem Element als sein Vorgänger. Mit der Splittung in zwei Produktlinien konnten sich die Entwickler jetzt stärker darauf konzentrieren, die unterschiedlichen Talente der Fahrzeuge noch besser zur Geltung zu bringen.

Vereinheitlichte Motoren

Während der optische Auftritt der neuen 437er-Generation höchst unspektakulär ausfiel, hatte sich jenseits des sichtbaren Bereichs jedoch Entscheidendes verändert – und das war angesichts der erwähnten Emissionsreduzierungsaktivitäten in Europa unausweichlich gewesen. Unter der charakteristischen Kurzhaube der neuen Modelle arbeitete nicht mehr der noch im alten 437.1 verwendete, turbogeladene Sechszylinder OM 366 mit seinen knapp 6 Litern Hubraum und einem Leistungsvolumen bis 240 PS/177 kW, sondern zwei Varianten der bereits in der Baureihe 405 zum Einsatz kommenden, modernen Triebwerksfamilie OM 900. Die Basismotorisierung bildete der bekannte OM 904 LA, der durch den leistungsfähigeren OM 924 LA ergänzt wurde. In beiden Fällen handelte es sich um aufgeladene und mit Ladeluftkühlung versehene Vierzylinder, die auch an anderen Stellen im Mercedes-Benz Nutzfahrzeugprogramm zum Zuge kamen.

Zwei Hubraumvarianten

Während der OM 904 bekanntermaßen knapp 4,3 Liter Hubraum aufwies, kam der OM 924 auf 4,8 Liter – eine Hubraumvariante, die bei den 405er-Modellen nicht angeboten wurde. Die Motorenentwickler erreichten dies durch eine Vergrößerung der Bohrungs- bzw. Hubmaße von 102 auf 106 mm bzw. von 130 auf 136 mm. Trotz des im Vergleich zum OM 366 wesentlich kleineren Hubraums bewegte sich die Leistungsausbeute der modernen Motoren auf dem bekannten Niveau und lag, je nach Ausführung, zwischen 150 PS/110 kW und 218 PS/160 kW. Neue Spitzenwerte in der Leistungsausbeute waren für die Einsatzprofile der neuen Modelle nicht erforderlich, von Bedeutung für anspruchsvollen Offroadbetrieb war eher die satte Drehmomentausbeute von bis zu 810 Nm, die die Vierzylinder auf den Antriebsstrang wuchteten. Wie die in den 405er-Modellen verbauten Aggregate waren die nun im 437.4 verwendeten Triebwerke gemäß der Abgasnorm Euro 3 spezifiziert und lagen damit emissionstechnisch auf der Höhe der Zeit.

Auf dem Unimog-Testgelände in Ötigheim, rund 30 Kilometer südlich vom neuen Produktionsstandort in Wörth gelegen, wurden auch die modernisierten 437er auf Herz und Nieren geprüft – schließlich erwarteten die Kunden von ihnen die Bewältigung anspruchsvollster Einsätze.

Nur noch vier Zylinder

Gleich mehrere Überlegungen hatten die Produktplaner der Nutzfahrzeugsparte zur Wahl dieser Motoren veranlasst. Zum einen – gerade mit Blick auf den neuen Produktionsstandort in Wörth – die Notwendigkeit zu rationalisieren und damit Fertigungskosten zu drücken, was mit mehr oder weniger einheitlichen Triebwerken für beide Unimog-Produktlinien am besten gelang. Zum anderen hatten aber technisch-konstruktive Gründe wohl auch eine Rolle gespielt, denn die kleiner dimensionierten und demzufolge auch leichteren Vierzylinder kompensierten problemlos den durch die modernisierte Technik an vielen Stellen bedingten Gewichtszuwachs der neuen Fahrzeuge. Der Einsatz eines Sechszylinderaggregats war vor diesem Hintergrund schlicht nicht mehr erforderlich.

Eng verwandt, aber ein Stück weit verschieden: Die Unimog-Baureihen 405 (links) und 437.4 verkörperten den fast kompletten und letztlich erfolgreichen Reset, dem der Klassiker zu Beginn des neuen Jahrtausends unterzogen werden musste.

Premiere in Hannover

Das Licht der Öffentlichkeit erblickte die neue 437er-Generation erstmals auf der Nutzfahrzeug-IAA, die Mitte September 2002 in Hannover eröffnet wurde. Zu diesem Zeitpunkt war der Serienanlauf in Wörth schon seit rund zwei Wochen erfolgt. Was die Verkaufsbezeichnungen für die neuen Modelle anging, so hatte man sich an die neutralen Typennamen der Baureihe 405 angelehnt. Deren Modelle U 300, U 400 und U 500 wurden nun durch die Geländegänger der Baureihe 437.4 mit den Bezeichnungen U 3000, U 4000 und U 5000 ergänzt – ein Nomenklatursystem, das sich zur Abwechslung mal durch vorbildliche Klarheit und Transparenz auszeichnete.

Eine Domäne auch des 437.4 waren spezielle Feuerwehreinsätze in schwer zugänglichem Gelände, etwa bei der Waldbrandbekämpfung. Auch hier gab es zum Unimog, der jetzt technisch umfassend modernisiert zur Verfügung stand, keine praktikable Alternative.

Ein U 4000 in seinem Element. Die Fahrzeuge der Baureihe waren durchgehend in zwei verschiedenen Radstandvarianten lieferbar. Im Bild ist die kürzere mit einem Maß von 3250 mm zu sehen.

Das Beste aus zwei Welten

Bei näherer Betrachtung stellten die Fahrzeuge der neuen hochgeländegängigen Baureihe einen ebenso interessanten wie cleveren Mix aus Bewährtem wie auch Modernem dar. Vermutlich hatte in der Konzeptphase für die neue Fahrzeuggeneration eines im Lastenheft ganz oben gestanden: die Verwendung einer möglichst großen Zahl von Gleichteilen. Konkret bedeutete das zum einen, wesentliche Baugruppen kaum oder – am besten – unverändert von den alten 437ern zu übernehmen, und zum anderen, so viele Technikelemente wie möglich der im Jahr 2000 vorgestellten Baureihe 405 zu nutzen. Ziel dieser Strategie war es natürlich, Investitionen zu sparen und zugleich die Fertigungsprozesse schlanker und rationeller zu gestalten, um möglichst große Rentabilitätsvorteile zu erzielen.

Technik vom 405er

So war es nicht überraschend, dass sich die Optik der Fahrerhäuser von 437.1 und 437.4 so sehr ähnelte, obwohl die Entwicklung dieser Kabinen bereits rund 30 Jahre zurücklag. Was den Antriebsstrang anbetraf, war der Rückgriff auf die Motorisierung der Baureihe 405 naheliegend und damit auch die Verwendung des neu entwickelten Getriebes vom Typ UG 100-8. Zumal dies auch in der Ankunft der bedienungsfreundlichen Elektropneumatischen Schaltung EPS resultierte, die man bei Mercedes-Benz „Telligent"-Schaltung getauft hatte. Darüber hinaus profitierte der neue Geländegänger von weiteren modernen Technikfeatures, die in den 405er-Modellen für Furore gesorgt hatten. Dazu gehörte auch die in Verbindung mit der Telligent-Schaltung verfügbare Wendeschaltung „Electronic Quick Reverse", kurz EQR, die es bis zu einer Geschwindigkeit von 6 km/h erlaubte, schnell und automatisch zwischen Vorwärts- und Rückwärtsgängen hin und her zu schalten, ohne den Unimog dabei anhalten zu müssen. Dieses Ausstattungselement war nicht nur für Geräteträger-Einsätze nützlich, sondern auch im anspruchsvollen Gelände, wo man sich mit dem 437.4 durch „Freischaukeln" mithilfe des EQR-Systems auch aus den schwierigsten Situationen befreien konnte.

Variables Antriebssystem auf Wunsch

Ein weiteres hochwertiges Technikmerkmal, das jetzt auch dem Geländegänger optional zur Verfügung stand, war das „AutomaticShift"-Schaltsystem. Obwohl es sich hier nicht um eine Vollautomatik handelte, kam das System ohne Kupplungspedal aus. Es wählte die einzelnen Gangstufen automatisch, der Gangwechsel an sich vollzog sich aber mithilfe einer Reihe ergänzender elektronischer und mechanischer Komponenten, die im Antriebsstrang enthalten waren. Auch im neuen 437er war der jeweilige Fahrer nicht allein auf die Nutzung des vollautomatischen Modus beschränkt. Stattdessen konnte er mittels Tastendrucks an der Armaturentafel frei zwischen automatischer und manueller Schaltung – wohlgemerkt auch dies ohne Kupplungsbetätigung – wählen. In Verbindung mit der unverändert klassischen Fahrgestellspezifikation mit schraubengefederten Portalachsen samt Radvorgelegen, Schubrohr und Differenzialsperren brachten diese technischen Innovationen ein weiteres Plus an praktischen Vorteilen bei Geländeeinsätzen und insofern eine nochmalige Schärfung des Offroader-Profils – genau, wie es die Marketingstrategen sich vorgestellt hatten.

Zeitgemäßes Interieur

Bei aller zumindest optischen Kontinuität, die in erster Linie natürlich die äußere Gestaltung des Fahrerhauses betraf, durfte man sich jedoch nicht täuschen lassen: Im Innenraum der Kabine war von der eher spartanischen Atmosphäre der 70er-Jahre nichts mehr zu spüren – alles andere wäre auch eines Mercedes-Benz unwürdig gewesen. Die Entwickler spendierten dem Interieur mehr Wohnlichkeit und Komfort, zum Beispiel komfortabel

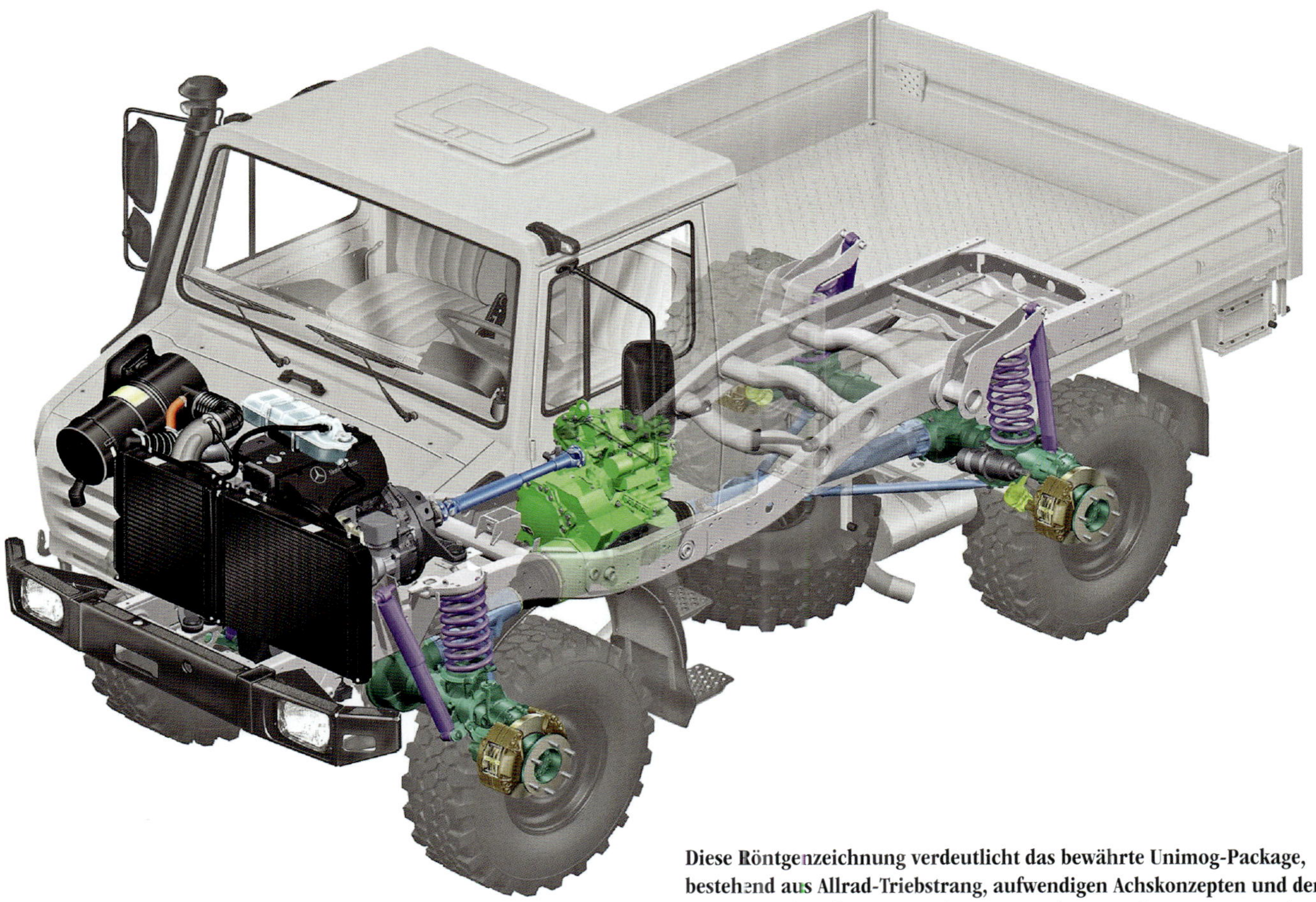

Diese Röntgenzeichnung verdeutlicht das bewährte Unimog-Package, bestehend aus Allrad-Triebstrang, aufwendigen Achskonzepten und dem in der Mitte gekröpften Leiterrahmen samt den typischen Querverstrebungen, die für eine beispielhafte Torsionsfreudigkeit sorgten.

gepolsterte Stoffsitze, Türinnenverkleidungen wie im Lkw und vor allem eine komplett neu kreierte Armaturentafel, die keine offenen Blechflächen mehr zeigte und formschön gestaltet war. Im Mittelpunkt stand eine umfassend verbesserte Ergonomie für das Fahrpersonal. Moderne Funktionalität mit einer leicht erreichbaren Bedieneinheit für Heizung und Lüftung bzw. Klimatisierung, neuen Pkw-artigen Lenkstockhebeln mit einer Vielzahl von Betätigungsmöglichkeiten sowie ein grifffreundliches, dick umschäumtes Vierspeichenlenkrad prägten neben dem völlig neuen Instrumentenbord das Bild. Letzteres war ebenfalls klar und modern gezeichnet und beherbergte einen großformatigen Tachometer sowie einen Drehzahlmesser samt vier weiteren kleineren Instrumenten zur Fahrerinformation. Bisher nicht in der 437er-Welt präsent waren auch die beiden integrierten Digitaldisplays, die für diverse Anzeigen zuständig waren, zum Beispiel die Außentemperatur, den Wegstreckenzähler und den eingelegten Gang.

Innere Werte

Außer der Verbesserung von Bedienungsfreundlichkeit und Sicherheit hatten sich die Entwickler auch Gedanken darüber gemacht, wie das Raumangebot der guten alten 437er-Kabine besser genutzt werden konnte. Hintergrund waren die fast schon jahrzehntelang geäußerten Klagen von Anwendern über mangelnde Ablagemöglichkeiten. Ganz nach Mercedes-Benz-Art machte man hier keine halben Sachen, sondern vergrößerte den in der neuen Fahrzeuggeneration vorhandenen Stauraum um nicht weniger als 80 %. Auch dies einer der vielen Mosaiksteine, die aus dem traditionsreichen 437er-Fahrerhaus eine in funktioneller Hinsicht absolut auf der Höhe der Zeit befindliche Kabine für den hochgeländegängigen Unimog machten.

Mit einem Feuerwehraufbau und der 218 PS/160 kW starken Spitzenmotorisierung versehen, wurde ein U 5000 der Baureihe 437.4 zu einem konkurrenzlos schlagkräftigen Einsatzfahrzeug zur Bekämpfung von Waldbränden.

In ihrer Eigenschaft als spezialisierte Geländegänger waren Modelle der Baureihe 437.4, hier ein U 5000, nur selten bei der Bearbeitung von Ackerflächen anzutreffen. Gleichwohl versuchte die Vertriebsabteilung natürlich, alle nur denkbaren Verkaufschancen zu nutzen.

Fokus aufs Wesentliche

Um den gedachten Einsatzzweck mit den neuen Fahrzeugen optimal abdecken zu können, brauchte man an Fahrgestell und Achsaufhängungen keine konzeptionellen Veränderungen vorzunehmen. Wozu auch, denn in puncto Geländefähigkeit war der Unimog mit seiner Konfiguration ohnehin seit einem halben Jahrhundert das, was man heute „Benchmark" nennt. Nach wie vor konnte kein anderes uneingeschränkt straßentaugliches Offroadfahrzeug seiner Größenordnung ihm hier das Wasser reichen. Erst recht nicht mit den im 437.4 realisierten Aktualisierungen im Antriebsstrang. So griff man bei der Frage nach den geeigneten Radstandmaßen für die aus U 3000, U 4000 und U 5000 bestehende Modellpalette folgerichtig auch auf bekannte Größen zurück: 3250 mm oder alternativ 3850 mm – beides Dimensionen, die sich bereits in den Modellen der Baureihen 424, 425, 435 sowie 427 und 437 bewährt hatten. Bei den neuen Modellen waren sie nun für alle drei Versionen spezifizierbar. Dank der klaren Positionierung der Fahrzeuge gehörte die früher übliche Verfügbarmachung von zusätzlichen Radstandoptionen – mal kürzer, mal länger, mal Zwischengrößen, mal ganz lang – inzwischen der Vergangenheit an. Jetzt hatten die Kunden, je nach definiertem Einsatzprofil, eine klare Wahl, wobei in speziellen Fällen Sonderanfertigungen außerhalb des normalen Angebots immer noch möglich waren.

Vergleichbare Dimensionen

Nachdem nun auch Besonderheiten wie die über Jahrzehnte gebauten Triebkopfversionen nicht mehr Teil des regulären Programms waren, bestand jetzt bei den Fahrzeugen der Baureihe 437.4 die Wahl zwischen einem landläufigen Pritschenaufbau, der ab Werk geliefert wurde und in verschiedenen Dimensionen und Ausführungen bereitstand, oder der Ausrüstung mit einem von Fremdlieferanten angebotenen Spezialaufbau. Wie in der Vergangenheit, waren hier der Vielfalt kaum Grenzen gesetzt. Unverändert erhältlich war auch eine Doppelkabine, die sich, nach bisher eher wechselndem Erfolg, beim neuen Geländegänger von Beginn an einer gewissen Beliebtheit erfreute. In Verbindung mit der kurzen Radstandoption blieb dann allerdings das Format der Pritsche ziemlich bescheiden. Verglich man generell die Außenmaße von 437.1 und 437.4, jeweils mit den Radständen 3250 bzw. 3850 mm, waren nur geringe Unterschiede auszumachen: So war zum Beispiel ein hochgeländegängiger U 2150 L – der, nebenbei bemerkt, als eines der letzten alten Modelle noch bis 2003 bestellt werden konnte – mit 3250 mm Radstand 5150 mm lang, 2340 mm breit und 2850 mm hoch, und das alles bei einer Spurweite von 1920 mm. Ein neuer U 4000 wies dagegen eine Länge von 5410 mm, eine Breite von 2300 mm und eine Höhe von 2650 mm auf. Nicht einmal die Spurweite unterschied sich sonderlich: Sie betrug 1927 mm.

Die Doppelkabine als Ausstattungsoption wurde bei der neuen Geländegänger-Generation deutlich häufiger geordert als zuvor. Das Fahr- und Besatzungspersonal profitierte übrigens bei fast allen Modellen von einer Aufdach-Klimaanlage, wie sie auch hier installiert ist.

Offroader statt Zugmaschine

Wer die einzelnen Gewichtskategorien näher betrachtete, in denen sich die neuen U 3000, U 4000 und U 5000 bewegten, stellte ebenfalls große Ähnlichkeiten zwischen der aktuellen und der ersten Generation der Baureihe 437 fest. Während die Leergewichte bisher, je nach Leistung, zwischen 3,9 und knapp 5,4 Tonnen lagen, bewegten sie sich bei den neuen zwischen 4,1 und gut 5,3 Tonnen. Ganz ähnlich sah es bei den zulässigen Gesamtgewichten aus, heute im Bürokratendeutsch „zulässige Gesamtmasse“ genannt. Diese bewegten sich bei den leichtesten und den mit den leistungsschwächsten Antriebsaggregaten ausgerüsteten Modellen der Baureihe 437.1 bei 7,5 Tonnen und reichten bei den schwersten und stärksten Versionen bis zu 14 Tonnen. Im Vergleich dazu deckten die drei Neuen das Spektrum zwischen 7,5 und 13,5 Tonnen ab.

Ein bedeutender Gewichtsparameter unterschied sich jedoch deutlich und unterstrich damit die klare Positionierung der Baureihe 437.4: Bei den spezialisierten Geländegängern war nun keine höhere gebremste Anhängelast als 3,5 Tonnen mehr zulässig, und zwar unabhängig vom Modell und dessen Motorkraft. Konsequenterweise hatten die Entwickler diese Begrenzung vorgenommen, da das Zugvermögen für einen hochgeländegängigen Unimog tatsächlich nur eine untergeordnete Rolle spielte. Bei den alten 437ern hatte dies noch anders ausgesehen. Hier mussten auch die Offroad-Versionen eine maximal zulässige Anhängelast von bis zu 8 Tonnen darstellen können – ganz nach dem traditionellen Selbstverständnis des Unimog und seiner Entwickler.

Weniger Verbrauch, mehr Traktion

Weitere Unterschiede zwischen Alt und Neu waren zum einen das bei U 3000, U 4000 und U 5000 auf 145 Liter verkleinerte Tankvolumen und zum anderen Räder mit geringerem Felgendurchmesser. Dass der Anwender nun – mindestens – sein gewohntes Pensum erledigen konnte und dabei 15 Liter weniger Kraftstoff nachfüllen musste als zuvor, sprach für die Erfolge, die die Motorenentwickler inzwischen erzielt hatten. Die Räder waren zwar von 22,5 auf 20 Zoll im Durchmesser verkleinert worden, dafür hatten aber die Felgen in der Breite von 9 auf 11 Zoll zugelegt und trugen nun statt, wie früher, einer 310er- eine 335er- bzw. beim U 5000 sogar eine fette 365er-Offroadbereifung mit entsprechend verbesserter Traktion im harten Geländeeinsatz.

Der längere, auf Wunsch spezifizierbare Radstand von 3850 mm lag am oberen Ende dessen, was in der ersten 437er-Generation zur Verfügung gestanden hatte. Er bot besonders viel Raum für Spezialaufbauten wie diesen Werkstatt-Koffer.

Neue Ufer im Blick

Die Unimog-Sparte zeigte sich in der ersten Dekade des 21. Jahrhunderts dank einer Fülle gut durchdachter Initiativen, etwa dem neu gestalteten und sortierten Modellprogramm sowie dem Umzug der Produktion nach Wörth ins Mercedes-Benz Lkw-Werk, zukunftsträchtig aufgestellt. Die mittelschweren und schweren Fahrzeuge der Baureihe 405, U 400 und U 500, waren exzellent auf dem Markt positioniert und zeigten sehr stabile, im Lauf der Jahre sogar steigende Verkaufszahlen, die durchschnittliche Größenordnungen von insgesamt um die 1100 Einheiten pro Jahr erreichten. Zu diesem Zeitpunkt waren die Fahrzeuge der neuen Generation allerdings auch schon über zehn Jahre im Programm, und es war klar, dass in nicht allzu ferner Zukunft die Nachfolger vor der Tür stehen würden. Die Absatzstatistik zeigte aber, dass man im Rahmen der gegebenen Möglichkeiten mit dem Geräteträger-Konzept absolut auf dem richtigen Weg war.

Manche Teilnehmer an den Geburtstagsfeierlichkeiten für den Unimog blieben fassungslos zurück, als sie die Designstudie, der ein eigener Name vorenthalten worden war, zum ersten Mal sahen. Optisch erinnerte rein gar nichts mehr an das Basisfahrzeug U 5000.

Ein ganz besonderes Geburtstagsgeschenk

Anno 2011 jährte sich der Produktionsstart des Unimog in Gaggenau zum 60. Mal. Angesichts der inzwischen relativ entspannten Gesamtsituation, ließ es sich der Daimler-Konzern nicht nehmen, das runde Jubiläum des legendären „Universal-Motor-Geräts" im Hause angemessen zu feiern. Man organisierte einen sich über mehrere Tage erstreckenden Event, an dem die mehr oder weniger komplette Unimog-Community, innerhalb und außerhalb des Unternehmens, teilnehmen konnte. Als besonderes Highlight wurde bereits am ersten Tag der Veranstaltung und als Premiere in der langen Unimog-Historie eine spektakuläre Designstudie enthüllt, die das Thema des Multifunktionsfahrzeugs in die Zukunft dachte – und zwar radikal.

Kontroverse Stilübung

Die unter der Ägide des Bereichs Mercedes-Benz Special Trucks (MBS) entstandene Unimog-Vision, die zur allseitigen Überraschung sogar fahrfähig war, empfanden viele der Geburtstagsgäste als veritablen Schock. Man wollte in der Unimog-Gemeinde den Anlass nutzen, um vor allem in der Vergangenheit, der sprichwörtlichen „guten alten Zeit", schwelgen zu können. Auf eine futuristische Designstudie, zumal, wenn sie, wie es im Pkw-Bereich gang und gäbe war, bewusst provozierend die kreative Kraft der Hausdesigner demonstrieren sollte, war man nicht gefasst und rieb sich nun verwundert die Augen. In den begleitenden Texten der Presseabteilung war von einem eindrucksvoll dynamischen, ausdrucksstarken „Gesicht" die Rede, und davon, dass sich hier die zukünftige Formensprache des Mercedes-Benz Nutzfahrzeug-Designs zeigte. Einer der zuständigen Gestalter gab zu, dass das Erscheinungsbild der Studie avantgardistisch war, sie aber die Vergangenheit mit der Zukunft des Unimog verknüpfe, indem die Unimog-DNA mit ihren einzigartigen Konzeptmerkmalen vollständig berücksichtigt worden sei. Das Konzeptfahrzeug sollte kein konkreter Ausblick auf die nächste oder übernächste Unimog-Generation sein, sondern dem Betrachter den gedanklichen Raum bieten, technische Innovationen zu interpretieren. Kurzum: Die Studie sollte als ungewöhnlicher Denkanstoß für das Universal-Motor-Gerät der Zukunft fungieren.

Nicht nur ziemlich genau 60 Jahre, sondern ganze Welten liegen zwischen diesen beiden Unimog-Exemplaren, die sich hier einträchtig nebeneinander präsentieren. Ob allerdings die Zukunft des Universal-Motor-Geräts so aussieht wie die Studie von 2011, bleibt eher fraglich.

Diese Computergrafik verdeutlicht, dass es den Stylisten um einen radikalen Denkanstoß für die Gestaltung künftiger Unimog-Generationen ging. Selbst technische Kernelemente wie der gekröpfte Leiterrahmen wurden mithilfe einer silbernen Alu-Verkleidung optisch hervorgehoben.

Dominanz der Optik

Als technische Basis der Designstudie diente das Fahrgestell des Unimog U 5000 der Baureihe 437.4. Als hervorstechender optischer Reiz waren die gut sichtbaren Schraubenfedern, als bekanntes Unimog-Erkennungsmerkmal, beim Konzeptfahrzeug rot lackiert, während das bullige rundliche Frontbauteil inklusive der Motorhaube – beides erinnerte an die seinerzeit aktuelle typische Mercedes-Benz Linie – und die kühn geschwungenen Kotflügel in einem kernigen Mittelgrün-Metallic erstrahlten. Die gewählten Farbtöne sollten zum einen eine Reminiszenz an die klassische Farbkombination darstellen, in der sich zehntausende Exemplare Jahrzehnte lang gezeigt hatten, zum anderen aber auch einen Bezug zu einer ungewöhnlichen Amphibie herstellen, die, wie der Unimog, im Wasser und zu Land hoch mobil war: dem Pfeilgiftfrosch. Was allerdings ein Pfeilgiftfrosch, dessen Giftmenge dazu ausreicht, zehn und mehr Menschen umzubringen, und der von Grund auf knorrig-freundliche Unimog jenseits dieser Äußerlichkeit noch miteinander gemeinsam hatten, blieb das Geheimnis der Designkünstler.

Anleihen aus der Pkw-Welt

Apropos Äußerlichkeiten: Der optisch ebenso auffällig inszenierte, gekröpfte Leiterrahmen war nicht einfach er selbst, sondern, wie es sich für eine ambitionierte Designstudie gehörte, mit silberfarbenen Profilen verkleidet, die aus Aluminium-Blöcken gefräst worden waren. Das Ganze hatte, außer dass auf diese Weise ein betont technoides Erscheinungsbild hergestellt wurde, keinerlei Funktion – was, nach Ansicht nicht weniger Besucher der

Geburtstagsfeier, die grundlegende Unimog-Idee geradezu ad absurdum führte. Weitere besondere Merkmale der Studie waren das silberfarbene Wing-Profil, das den unteren Abschluss der Frontgestaltung bildete und eher nach hochkarätigem Sportwagen als nach Profi-Arbeitsgerät aussah, und die äußerst knapp geschnittene, ziemlich offene Kabine im Roadster-Stil. Absoluter Blickfang waren jedoch die riesigen schwarz-silberchrom lackierten Alufelgen im 5-Speichen-Design. Sie trugen nach typischer Unimog-Art stark profilierte Geländereifen, die allerdings – schick, aber völlig praxisfremd – als Niederquerschnittsreifen ausgeführt waren.

Hoher Aufmerksamkeitswert

Bei aller Kritik und dem verbreiteten Unverständnis, das der etwas karikaturhaften Designstudie entgegengebracht wurde, blieb trotz deren Fixierung auf das Visuelle unbestreitbar, dass es sich bei dem Showcar um ein puristisches, aber dennoch konzepttreues Fahrzeug handelte. So waren zum Beispiel Leiterrahmen und Portalachsen als Kernelemente des Unimog unverändert an Bord der Studie. Doch die in den Augen vieler Betrachter überdrehte äußere Gestaltung tat letztlich der eigentlichen Intention ihrer Schöpfer einigen Abbruch, den grundsätzlich innovativen Charakter des Unimog mit seiner hohen Flexibilität in Ausführung und Bauweise auch für die Zukunft sichtbar zu machen. Aber wie es bei solchen Aktionen meistens der Fall ist, kam es weniger auf das breite Publikum an als auf die erzielbare Medienresonanz – und die war durchschlagend, wenn auch nicht rundum begeistert. Vielfach zeigte man sich überrascht von der ungewöhnlichen Idee und deren noch ungewöhnlicheren Umsetzung, aber am Ende gab es so viele Schlagzeilen für den Unimog wie in den 60 Jahren zuvor nicht; ein auch nicht zu verachtendes Jubiläumspräsent...

Ungewöhnliche Ehrung

Ein weiteres, durchaus prestigeträchtiges und medienwirksames gesellte sich ein knappes halbes Jahr nach den Feierlichkeiten und der Präsentation der Studie hinzu. In Singapur wurde dem „grünen Monster“, oder besser gesagt: seinen Schöpfern, der „red dot award“ für das verwirklichte Designkonzept zuerkannt. Unter rund 3000 eingereichten Objekten überzeugte der Unimog die Branchenprofis, die die Dinge naturgemäß aus einem anderen Blickwinkel betrachteten als das breite Publikum, am meisten. Damit durfte sich die kontrovers aufgenommene Fingerübung der Mercedes-Benz Nutzfahrzeugdesigner in jedem Fall geadelt fühlen.

Als puristisch bezeichneten die Verantwortlichen das gesamte Gestaltungskonzept der Unimog-Studie. Besonders fiel dies beim Fahrerhaus auf, das seinen Namen eigentlich nicht mehr verdiente und roadsterartig knapp zugeschnitten war.

Das schlanke Heck brachte die gewaltigen Räder des grün-silbernen Designobjekts noch stärker zur Geltung. Auch hier orientierten sich die Formgestalter vor allem an hochrangigen Sportwagen, denn extreme Niederquerschnittsreifen waren definitiv kein Unimog-Thema.

Bis zu sieben Personen fanden in der Unimog-Doppelkabine vergleichsweise großzügige Platzverhältnisse vor. Ergonomie- und Sicherheitsstandards befanden sich auf höchstem Niveau – man beachte die Haltestange für die Fond-Passagiere.

Das galt in vergleichbarer Weise auch für die Geländegänger der Baureihe 437.4, deren Marktpotenzial aufgrund ihrer besonderen Spezialisierung natürlich deutlich geringer ausfiel. Im Schnitt erreichten die jährlichen Absatzzahlen mit dem üblichen Auf und Ab Größenordnungen von alles in allem etwa 600 Fahrzeugen. Ähnlich wie beim 405er wurde auch hier das am schwächsten motorisierte Modell, der 150 PS/110 kW leistende U 3000, schon relativ frühzeitig mangels Kundenzuspruch wieder aus dem Programm genommen. In der Folge profitierten die verbliebenen Versionen U 4000 und U 5000 – wie die 405er – von konsequenter Modellpflege. Dazu gehörte an vorderster Stelle die 2009 vorgenommene Umstellung der Antriebsaggregate – hier die Vierzylinder-Diesel OM 904 LA und OM 924 LA – auf die deutlich verschärfte Euro-5-Norm.

Am Steg oberhalb der Windschutzscheibe war das geräumigere, mit höherem Dach versehene Fahrerhaus zu erkennen, das auf Wunsch für die Geländegänger der Baureihe 437.4 lieferbar war. Es bot mehr Platz für die Passagiere und zu verstauende Utensilien.

Mit Kran, Seilwinde und kurzer Pritsche ausgestattet, wühlt sich dieser U 5000 mit Doppelkabine über Sandberge im Braunkohlerevier. Ganz wie erhofft, gehörte die Energiewirtschaft zu den treuen Abnehmern des multifunktionalen Geländegängers.

Der U 20 näherte sich am Beginn der 2010er-Jahre langsam dem Ende seiner Karriere. Das Einsteigermodell hatte seine ihm zugedachte Aufgabe zufriedenstellend erledigt – aber auch nicht mehr als das. Eine ähnlich konzipierte zweite Generation war nicht in Sicht.

Vergrößertes Fahrerhaus

Kurz zuvor, zur Jahresmitte, war aber auf Wunsch auch eine geräumigere Version der klassischen Stahlblech-Kabine verfügbar geworden – und hier ist nicht die Doppelkabine gemeint. Von außen war das modifizierte Fahrerhaus an einem um 120 mm erhöhten Dach zu erkennen. Weniger augenfällig war, dass die vergrößerte Kabine auch 120 mm länger geworden war. Die veränderten Dimensionen wirkten sich natürlich vor allem auf den Platz im Innenraum aus. Hier bot der nun ebene Kabinenboden in Kombination mit der durch das höhere Dach optimierten Kopffreiheit und entsprechend veränderter Sitzverstellbarkeit sowie vergrößerter Staufläche mehr Raum an Bord für Mensch und Material. Praktisch im Alltagseinsatz: Die größere Innenhöhe erlaubte nun gegebenenfalls auch den Aufenthalt in der Kabine mit aufgesetztem Schutzhelm. Eine andere Neuerung hielt im Sommer 2010 Einzug: Die Längsträger des im U 5000 mit 3250-mm-Radstand eingesetzten Leiterrahmens wurden in ihrer Belastbarkeit weiter verbessert. In das bekannte U-Profil wurden nun an verschiedenen Stellen Verstärkungsbleche eingeschweißt. Dies stand im Einklang mit der im Jahr zuvor in die laufende Serie des 437.4 eingeführte Vereinheitlichung der Anbaupunkte für besonders schwergewichtige Aufbauten.

Auch das Militär greift zu

Zwar war der hochgeländegängige Unimog in seiner jüngsten Ausführung nicht mehr, wie noch in vergangenen Zeiten, aus Wirtschaftlichkeitsgründen auch auf Beschaffungsmaßnahmen militärischer Stellen fokussiert, aber seine einzigartigen Qualitäten sorgten dafür, dass weiterhin ansehnliche Stückzahlen in Tarnlackierung verkauft werden konnten. Die Formulierung „ansehnliche Stückzahlen“ war hier jedoch in Relation zu den insge-

Ein Beispiel für die Vielseitigkeit des hochgeländegängigen Unimog ist dieser U 5000 in Diensten der finnischen Streitkräfte. Das Fahrzeug ist mit einem schweren Werkstattwagen-Aufbau versehen und leistet Unterstützung auch in kaum zugänglichen Gebieten.

samt geschrumpften Absatzzahlen zu sehen. So orderte allein die Bundeswehr bis 2010 immerhin 650 Exemplare des U 5000 mit spezieller, torsionsabsorbierender Militärpritsche. Gewiss kein Vergleich zum U 1300 L der Baureihe 435, von dem rund dreißig Jahre zuvor fünfstellige Stückzahlen an militärische Kunden geliefert worden waren – aber bei jährlichen Verkaufsresultaten von durchschnittlich 600 bis 800 Fahrzeugen doch eine relevante Menge. Zumal man bedenken muss, dass nicht allein die Bundeswehr zu den Kunden des 437.4 gehörte, sondern auch andere Streitkräfte, zum Beispiel die türkischen.

Wieder ein Dreiachser

Ähnlich wie die Geräteträger liefen zu diesem Zeitpunkt auch die Geländegänger in solidem, berechenbarem Rahmen und leisteten ihren Beitrag zum Betriebsergebnis. Sämtliche Fahrzeugkonzepte, die Produktionsinfrastruktur und -kosten in Wörth, die Verkaufspreise und letztlich die Absatzzahlen befanden sich nun in vernünftiger Balance. In dieser Situation kam es bei der Baureihe 437.4 anno 2012 noch einmal zu einer spektakulären Ergänzung des Modellprogramms. Wie es schon bei der Vorgängergeneration der Fall gewesen war, wurde Mitte des Jahres eine dreiachsige Version des U 5000 ins Angebot aufgenommen, genannt U 5000 6x6. Angetrieben vom 218 PS/160 kW starken, gemäß Euro 5 spezifizierten Vierzylinder-Diesel OM 924 LA und mit einer dritten Antriebsachse versehen, wurde der Sechsrad-Unimog nicht nur zu einem wahren Geländemonster, sondern mit einer zulässigen Nutzlast von rund 10 Tonnen auch zu einem Transportriesen. Wenn es galt, besonders gewichtige Aufbauten auch durch anspruchsvollstes Terrain zu bewegen, gab es keine Alternative zum U 5000 6x6.

Der Ultra-Offroader

Der Rahmen des Dreiachsers wies eine Gesamtlänge von 7400 mm auf, wobei die vordere der beiden angetriebenen Hinterachsen in einem Abstand von 3900 mm zur Vorderachse stand – erstaunlicherweise 50 mm mehr als der lange Standardradstand eines normalen U 5000 betrug. Die zweite, also hintere Hinterachse befand sich in einem Abstand von 1400 mm zur vor ihr liegenden und war in ihrer Auslegung mit langhubigen Schraubenfedern voll in das klassische Rahmen- und Fahrwerkskonzept der Geländegänger eingebettet. Das garantierte trotz der gewaltigen zulässigen Gesamtmasse von 17 Tonnen und den

Auch die neuesten Fahrzeuge der 437er wurden von verantwortlichen Militärstellen sehr geschätzt. Das abgebildete Modell ist ein Erprobungsmodell für die Kategorie „Geschützte Transportfahrzeuge", der 2-Tonnen-Klasse. Gut erkennbar ist die gepanzerte Kabine.

Lkw-haften Dimensionen ein mindestens ebenso souveränes Durchkommen selbst bei schwersten Offroad-Einsätzen wie bei den normalen 4x4-Versionen. Dafür sorgten die unverändert erhalten gebliebenen Böschungs- und Rampenwinkel ebenso wie die identische Bodenfreiheit von 480 mm und die nun drei sperrbaren Differenziale. Auf Wunsch gab es den Sechsrad-Unimog auch in einer Ausführung, die im Fall einer notwendigen Wasserdurchquerung eine Watfähigkeit von bis 1,20 Meter sicherstellte. Dies war aus naheliegenden Gründen insbesondere für die Bereiche Katastrophenschutz und Feuerwehr von besonderem Wert. Auch die hohe Tragfähigkeit des Dreiachsers war hier überaus nützlich: Zum einen für den Transport von schwerem Hilfsgerät und zum anderen für die Vorhaltung großer Löschwassermengen im Fall eines Aufbaus als Tanklöschfahrzeug. Der U 5000 6x6 konnte einen bis zu 7000 Liter großen Tank mitführen.

Wie schon bei der Vorgängergeneration markierte eine dreiachsige Variante gegen Ende des Produktionszyklus den Höhepunkt der U 5000-Modellpalette. Der 6x6 konnte trotz seines Gewichts und erheblicher Dimensionen im Gelände alles ebenso gut wie die normalen 4x4-Modelle.

Da diese aufsehenerregende Variante des U 5000 nicht in die optimierten Fertigungsprozesse des Werks Wörth integriert werden konnte, wurde übrigens der europaweit führende Sonderfahrzeugbauer und Mercedes-Benz Partner Paul Nutzfahrzeuge GmbH, seinerzeit noch in Passau, heute in Vilshofen an der Donau ansässig, mit den Umbauarbeiten betraut. Dort hatte man seit Jahrzehnten große Erfahrung mit Arbeitsumfängen dieser Art und erledigte sie in höchster, Hersteller-zertifizierter Qualität.

Sonderstellung mit MBS

Um den besonderen Rang auch des Unimog im Fahrzeugprogramm der Daimler Nutzfahrzeugsparte zu betonen, hatte diese inzwischen eine eigene organisatorische Einheit namens Mercedes-Benz Special Trucks (MBS) geschaffen, in der neben dem Unimog auch der seit seiner Markteinführung 1998 als Spezialfahrzeug für die Entsorgungswirtschaft bekannte Mercedes-Benz Econic und der seit 2008 produzierte schwere Gelände-Lkw Mercedes-Benz Zetros zusammengefasst wurden. Damit wurden Vertriebs- und Kommunikationsaspekte zum Teil aus dem

Der Econic mit seinem charakteristischen Niederflur-Fahrerhaus hatte sich vor allem als Entsorgungsspezialist einen Namen gemacht. Die niedrig angeordnete Kabine erleichterte der Besatzung häufiges Ein- und Aussteigen.

allgemeinen Nutzfahrzeugbereich herausgelöst, um unter anderem eine Individualisierung der Kundenansprache zu erreichen, die bei in Kleinserie gebauten Spezialfahrzeugen unabdingbar war.

Wettbewerber im eigenen Haus?

Der Zetros war in diesem Trio ein sehr interessanter Cousin der Unimog Geländegänger-Baureihe 437.4. Manche Beobachter hielten ihn in gewisser Weise für einen Konkurrenten des Klassikers, was zwar nicht völlig von der Hand zu weisen ist, doch sehr differenziert betrachtet werden muss. In diesem Fall waren die Produktplaner und Entwickler in Wörth bei der Erstellung des technischen Konzepts des Zetros äußerst umsichtig vorgegangen und hatten Einsatzprofile für das neue Fahrzeug im Blick, bei denen sich die beiden verwandten Offroader nicht wirklich ins Gehege kamen; allenfalls bei den anvisierten Kundenkreisen konnte es Überschneidungen geben. Vom Zetros, das zeigte sich schnell, ging für den hochgeländegängigen Unimog – außer vielleicht mal im Einzelfall – kein direktes Konkurrenzrisiko aus.

Innovation im Doppelpack

Nachdem im Sommer 2013 die neue Geräteträger-Generation der Baureihe 405 eingeführt worden war, zogen die Geländegänger im Folgejahr nach: Unter den neuen Modellbezeichnungen U 4023 und U 5023 starteten 2014 die Profi-Offroader in den dritten Frühling der Baureihe 437. Ähnlich wie es schon bei den 405ern der Fall gewesen war, durfte man sich von der unveränderten Baureihenbezeichnung 437.4 und dem äußeren Erscheinungsbild nicht täuschen lassen: Die neuen Fahrzeuge waren fast noch umfassender modernisiert worden als die Geräteträger.

Angeboten wurden weiterhin nur zwei Modellvarianten. Zwar hatte man bei den 437ern von 2002 bis 2010 kontinuierlich steigende jährliche Produktionszahlen verzeichnen können, doch pendelten sich diese nach einem Rekord von 1018 Fahrzeugen ab 2011 auf durchschnittlich nur noch etwa die Hälfte der 405er-Zahlen ein. Da die Verantwortlichen bei MBS in Kenntnis des Marktes vermutlich nicht erwarteten, dass sich an dieser Situation mit den aktualisierten Modellen etwas durchgreifend änderte, erschien eine Ausweitung der Modellpalette auch unnötig.

Euro 6 für den Geländegänger

Mit Blick auf die generellen Qualitäten der Offroader gab es eigentlich nicht den geringsten Anlass für eine umfassende Modellpflege, doch bot die breit angelegte Umstellung auf Euro-6-Motoren den geeigneten Anlass für eine Modernisierung. Dass diese in manchen Bereichen geradezu revolutionär ausfiel, zeigte einmal mehr, wie sehr der Nutzfahrzeugsparte von Mercedes-Benz inzwischen daran gelegen war, den Klassiker auf dem neuesten Stand der Technik zu halten, und dafür – wenn es nötig war –

Unter der Bezeichnung „Mercedes-Benz Special Trucks" fasste die Daimler-Nutzfahrzeugsparte die ganz besonderen Kleinserien-Baureihen zusammen – links der Econic, daneben die beiden Unimog-Produktlinien. Lediglich der seit 2008 produzierte Zetros fehlt hier.

auch alte Zöpfe abzuschneiden. Der Geländegänger sollte schlichtweg die weltweit unangefochtene Nummer eins in seinem Spezialsegment bleiben. So vollzogen der U 4023 wie der U 5023 im Prinzip den gleichen Wechsel des Antriebsaggregats wie die Fahrzeuge der zweiten 405er-Generation: Für Vortrieb sorgte nun ebenfalls ein Triebwerk aus der modernen Motorenfamilie OM 93x. Während bei den 405ern aber sowohl der OM 934 als auch der OM 936 zum Einsatz kamen, beschränkte man sich bei den beiden Neuen, wie zuvor schon bei U 3000, U 4000 und U 5000, auf die Vierzylinder-Version. Dabei war der 5132 cm³ Hubraum aufweisende OM 934 nur in einer einzigen Leistungsstufe mit 231 PS/170 kW bei 2200/min verfügbar – ein Novum in der langen Historie der 437er-Baureihe.

Ideale Motorenwahl

Die Entwickler entschieden sich dafür, zum Motorbaumuster 934.972 zu greifen, das mit identischen Leistungsdaten auch in den U 423 implantiert wurde und sich, neben der nach seinerzeitigem Stand bestmöglichen Emissionsreduzierungstechnologie SCR, auch durch ein sattes Drehmomentmaximum von 900 Nm auszeichnete, das Unimog-typisch linear zwischen 1200 und 1600/min anlag. Zwar war die Spitzenleistung des Vierzylinder-Diesels um 13 PS/10 kW niedriger als beim alten OM 924, der im U 4000 und U 5000 zum Einsatz gekommen war, doch wurde dieses kleine Manko durch die ungeheure Durchzugstärke des neuen Triebwerks, das zudem einen Hubraumvorteil von ungefähr 200 cm³ besaß, mehr als ausgeglichen – ganz zu schweigen von den Vorteilen, die der moderne Motor dank geringerem Kraftstoffverbrauch und steuergünstig niedrigen Abgasemissionen in puncto Unterhaltskosten bot.

Fokussierung der Modellpalette

Für die Produktion in Wörth bedeutete die einheitliche Verwendung des OM 934 in den Fahrzeugen der neuen 437.4-Generation eine nochmalige Verschlankung der Fertigungsprozesse. Bei den Vorgängermodellen mussten statt, wie jetzt, eines einzigen Motorbaumusters in nur einer Leistungsspezifikation noch deren zwei in insgesamt drei unterschiedlichen PS/kW-Stufen produktionstechnisch integriert werden – und das bei den vergleichsweise niedrigen Stückzahlen, in denen der 437er gebaut wurde. In ähnlicher Weise waren die neuen Geländegänger auch nur mit einem verfügbaren Radstand zu ordern: Dieser betrug 3850 mm und entsprach damit der langen Radstandoption bei den Vorgängermodellen. Da sich U 4023 und U 5023 weder in der Motorisierung noch im Radstand voneinander unterschieden, blieb nur noch ein Differenzierungskriterium zwischen den beiden angebotenen Typen – die unterschiedlichen Gewichtsverhältnisse. Wartete das „kleinere" Modell mit einer maximal zulässigen Gesamtmasse von 10,3 Tonnen sowie einer maximalen Anhängelast von 15,4 Tonnen auf, so betrugen diese Werte beim Spitzenmodell U 5023 14,5 Tonnen bzw. 19,5 Tonnen. Entsprechend höher fielen hier auch die maximalen Achslasten vorne und hinten aus. Den Werten von 5000 bzw. 7500 Kilogramm standen beim 4023 solche von 4100 bzw. 4600 Kilogramm gegenüber. Aus Anwendersicht rechtfertigte allein schon dieser Unterschied das Angebot zweier unterschiedlicher Typen der neuen Offroader-Generation.

Beim flüchtigen Blick wirkte der neue Offroader wie ein alter Bekannter – doch das täuschte. Zwar war das seit Jahrzehnten bewährte Fahrerhauskonzept im Wesentlichen beibehalten worden, doch insgesamt strotzte die neue Generation nur so vor innovativer Technik.

Konzeptionelle Auffrischung

Hatten interessierte Beobachter schon beim Fahrerhaus der neuen 405er mitunter Probleme gehabt, alte und neue Ausführung optisch auf den ersten Blick voneinander zu unterscheiden, so galt dies in noch viel stärkerem Maß für die Kabine der aktualisierten Offroader. Kein Wunder – das Auge hatte sich nahezu vierzig Jahre lang an das generelle Erscheinungsbild dieses Kurzhauber-Fahrerhauses für den Unimog gewöhnt: Bereits 1975 war es als komplette Neuentwicklung bei den Modellen der Baureihe 425 erstmals eingeführt worden und den Unimog-Entwicklern damit ein Geniestreich gelungen. Form und Funktion der Kabine waren optimal miteinander in Einklang gebracht worden – und zwar so optimal, dass bis zur aktuellsten Ausführung kein wirklicher Bedarf für ein neu konzipiertes Fahrerhaus bestand, zumal es auch stilistisch kaum gealtert war.

Der gut 5,1 Liter große Vierzylinder OM 934 war mit Vierventiltechnik und zwei obenliegenden Nockenwellen hochmodern ausgelegt. In beiden Unimog-Baureihen überzeugte er vor allem als wahres Drehmoment-Monster.

Immer wieder ein faszinierendes Bild und zentraler Bestandteil der klassischen Unimog-DNA: die mögliche Achsverschränkung des Geländegängers. Die Entwickler verfolgten kompromisslos das Ziel, die Offroadfähigkeiten der neuen Fahrzeuge noch weiter zu stärken.

Wo es sinnvoll war, verfolgten die Unimog-Entwickler der Sparte Mercedes-Benz Special Trucks (MBS) eine gezielte Gleichteile-Strategie. Instrumentenblock und Lenkrad wurden deshalb von den kurz zuvor umfassend modernisierten 405ern übernommen.

Nicht nur 60 Jahre, sondern ganze Welten lagen zwischen diesem spartanisch ausgelegten „Armaturenbrett" eines U 65 der Baureihe 406 und dem hochmodernen Cockpit der neuesten Offroader-Generation.

Gezielte Modernisierungen

Sämtliche charakteristischen Merkmale, beispielsweise seine geradlinige Linienführung, die plan ausgeführte Windschutzscheibe und das an der linken Seite angebrachte schwarze Kunststoffgitter zur Motorraumbelüftung, waren über die Jahrzehnte erhalten geblieben. Dennoch hatten es die Designer geschafft, die Strenge des Erscheinungsbildes durch eine neue, rundlich gehaltene und an ihrer Unterseite leicht nach unten gewölbte Kühlerverkleidung aufzulockern. Zugleich brachte diese wieder die aktuelle Formensprache der Mercedes-Benz Nutzfahrzeuge mit nur einer Lamelle, in die der Mercedes-Stern großformatig integriert war, zur Geltung. Ebenfalls ins Auge fiel der neue, massive Frontstoßfänger mit den nach 405er-Manier darin versenkt eingelassenen LED-Leuchten. Dass das Dach unter Beibehaltung der Front- und Seitenscheibenformate leicht an Höhe gewonnen hatte und die gesamte Kabine – nun serienmäßig – um 120 mm länger geworden war, blieb dagegen völlig unauffällig. Beides war aber ein dezenter Hinweis darauf, dass sich doch möglichweise weit mehr getan hatte, als sichtbar war. Gleiches galt für die etwas stärker nach unten geneigte kurze Motorhaube, über die bereits die Vorgängermodelle verfügt hatten. Sie resultierte in optimierten Sichtverhältnissen und günstigerer Aerodynamik.

Kostensparende Gleichteile-Strategie

Eine Überraschung bot sich im Innern der so vertraut wirkenden Kabine. Sie war gegenüber den Vorgängern noch einmal modernisiert worden, und zwar, wie schon bei der neuen 405er-Generation, vor allem unter den Gesichtspunkten einer weiter optimierten Ergonomie für das Fahrpersonal und eines verbesserten Raumangebots. Für U 4023 und U 5023 bedeutete das die Übernahme des neuen Instrumentenblocks aus den 405er-Modellen mit besserer Übersichtlichkeit, optimalem Blendschutz und vor allem dem hochmodernen TFT-Farbdisplay zwischen Tachometer und Drehzahlmesser. Das hier verwirklichte Gleichteile-Konzept hatte im Fall der neuen Offroader nicht nur praktische Vorteile für die Fahrzeugnutzer, sondern war natürlich auch als kostensenkende Maßnahme im Rahmen des Fertigungsprozesses zu verstehen. Eigenständig gestaltet blieb allerdings die Armaturentafel. Sie verfügte nun über mehr Stau- und Ablagefächer sowie ein leistungsstärkeres Heizungs- und Belüftungssystem mit Pollenfilter. Auf Wunsch konnte auch eine Staubox mit klappbarem Tisch geordert werden. Als zentrale Bedieneinheit fungierte bei den neuen Geländegängern ein in der Mitte der Armaturentafel platziertes Tastenfeld, das sich etwas in den Innenraum hineinwölbte und über das sich die wichtigsten Fahrzeugfunktionen steuern ließen.

Das TFT-Farbdisplay war in zwei verschiedenen Größen lieferbar und fungierte als wichtigstes Medium für fahrzeugrelevante Informationen. Gegenüber den Vorgängermodellen präsentierte sich der Blendschutz stark verbessert.

Der Bedienblock war mittig in der Armaturentafel platziert und nach dem Verschwinden der Mittelkonsole zentraler Unterbringungsort für zahlreiche Betätigungstasten. Links an der Seite befanden sich die Drehschalter für Heizung und Lüftung sowie für die zuschaltbaren Differenzialsperren.

Ergänzt wurde es an der linken Seite durch drei Drehschalter für die Heizungs- und Lüftungsanlage sowie die Aktivierung der Differenzialsperren sowie rechts durch eine 24-Volt-Steckdose.

Vereinheitlichte Ausstattungselemente

Ebenso von der aktuellen Geräteträger-Generation übernommen wurde das Vierspeichen-Multifunktionslenkrad mit den beiden Tastenfeldern für die Bedienung des Bordcomputers, der Geschwindigkeitsregelanlage sowie von Telefon und Radio. Wie bisher war die Lenksäule in Höhe und Neigungswinkel auf die individuellen Bedürfnisse der jeweiligen Fahrer einstellbar. An der rechten Seite der Lenksäule war griffgünstig ein Multifunktionshebel für den Fahrbetrieb platziert, über den auch die Schnellreversierfunktion EQR (Electronic Quick Reverse) gesteuert wurde. Er löste die bisherige traditionelle Getriebebedienung auf der Mittelkonsole ab. Auf diese konnte als Unterbringungsort für diverse Bedieneinheiten nun gänzlich verzichtet werden. Auf Wunsch war hier stattdessen ein dritter Sitz spezifizierbar. Überhaupt präsentierten sich die Sitze in jeder Hinsicht aufgewertet. Sie verfügten jetzt über eine taillierte Rückenlehne mit integrierten 3-Punkt-Sicherheitsgurten und ebenfalls integrierter Kopfstütze. Höhen-, längs- und neigungs-

Das moderne Vierspeichen-Multifunktionslenkrad ließ sich im Neigungswinkel sowie teleskopisch einstellen. So konnten unterschiedlichste Fahrerstaturen eine optimale Sitz- und Lenkposition finden.

Mithilfe dieses zierlichen, rechts der Lenksäule angebrachten Lenkstockhebels ließ sich mehr oder weniger der komplette Fahrbetrieb des Geländegängers regeln. Auch die „Quick Reverse"-Funktion für schnelles Hin-und-her-Schalten war hier zu betätigen.

Aufgrund des Wegfalls der Mittelkonsole war nun Platz für einen dritten Sitz in der Offroader-Kabine. Während dieser zwar vollwertig, aber eher behelfsmäßig zu nutzen war, boten die eigentliche Sitze mit integrierter Kopfstütze viel Komfort und Sicherheit

verstellbar, ließen sie sich an jede denkbare Körperstatur anpassen. Gegen Aufpreis waren auch luftgefederte Schwingsitze für Fahrer und Beifahrer sowie eine Sitzheizung zu bekommen, was den Komfort noch weiter steigerte. Letzterem Ziel dienten auch die mit Armlehne und Flaschenhalter versehenen Türinnenverkleidungen und die Innenraumbeleuchtung samt Leseleuchten für beide Sitzplätze.

Überhaupt war, wie von Mercedes-Benz gewohnt, die Liste an Sonderausstattungen für das Fahrerhaus prall gefüllt. Sie enthielt unter anderem ein auf 12,4 Zentimeter in der Diagonalen vergrößertes TFT-Farbdisplay, eine Standheizung sowie ein CD-Radio mit Bluetooth-Funktion.

Der Motor zieht um

Der Clou der überarbeiteten Kabine war aber ihr im Vergleich zum Vorgängermodell deutlich verbessertes Raumangebot. Das Plus an Bewegungsfreiheit konnte zum einen durch die erwähnte Verlängerung des Fahrerhauses

Das Röntgenbild zeigt, dass bei U 4023 und U 5023 das Antriebsaggregat nun klar hinter der Vorderachse und unter der Sitzanlage positioniert war. Ziel dieser Mittelmotorauslegung war nicht zuletzt, eine optimierte Gewichtsverteilung und Schwerpunktlage zu erreichen.

und zum anderen durch die Verlagerung der Getriebebedienung von der Mittelkonsole in einen Lenkstockhebel erreicht werden. Dem zugrunde lag aber die eigentliche konstruktive Sensation, mit der die neuen Geländegänger aufwarteten: Das Antriebsaggregat, der Diesel-Vierzylinder OM 934 mit gut 5,1 Liter Hubraum, war um ziemlich genau einen Meter zurückverlegt worden – in eine Einbauposition, die statt vor und über der Vorderachse nun hinter diese und unter die Kippkabine gerückt war. Diese radikale Maßnahme war nichts weniger als revolutionär und ein Novum in der Unimog-Geschichte. Sie stellte unter Beweis, dass die aktuelle Entwicklergeneration sich endgültig von der Schwerkraft der Unimog-Tradition befreit hatte und nur ein einziges Ziel zum Maßstab ihrer Arbeit machte: aus dem hochgeländegängigen Unimog das ultimativ unerreichte und unerreichbare Offroad-Mehrzweckfahrzeug zu machen.

Eine erprobte Konzeptidee

Zweck der ebenso aufwendigen wie kostspieligen Übung war, eine für den Geländeeinsatz optimierte Gewichtsverteilung des Allradlers zu schaffen. Diese sorgte für ein ausgeglichenes Traktionsniveau an allen vier Antriebsrädern und damit für bestmögliche Offroadfähigkeiten selbst in Extremsituationen. Allerdings war die beim neuen Unimog realisierte technische Lösung einer Art Mittelmotorauslegung beileibe nicht neu. Man kennt sie aus dem Pkw-Bereich, wo sie in der klassischen Ausprägung mit einem vor der Hinterachse positionierten Motor oder als Frontmittelmotor mit einem hinter der Vorderachse eingebauten Antriebsaggregat zur Erzielung optimierter Fahrdynamik eingesetzt wird. Auch im klassischen Lkw-Bau gab es solche Technikkonzepte. Hier wurden sie mit sogenannten Unterflurmotoren verwirklicht. Pionier war der deutsche Lastwagen- und Omnibushersteller Büssing, der derartige Konstruktionen bereits in der Zwischenkriegszeit vorstellte und ab den frühen 1950er-Jahren nicht ohne Erfolg auf den Markt brachte.

Insbesondere auch im Wagenpark des THW finden sich manche der ursprünglich für militärische Aufgaben konzipierten MAN gl in, wie hier zu sehen, 6x6-, aber auch in 4x4-Ausführung. Als Hilfs- und/oder Bergefahrzeug bringen sie dort ihre außergewöhnlichen Geländefähigkeiten zur Geltung.

Dank eines unmittelbar vom Motor mit Kraft versorgten zusätzlichen Nebenabtriebs konnten die Fahrzeuge der Offroader-Baureihe 437.4 ein Zusatzgerät antreiben und sich gleichzeitig fortbewegen – das machte die neuen Modelle vor allem in der Waldbrandbekämpfung noch effektiver.

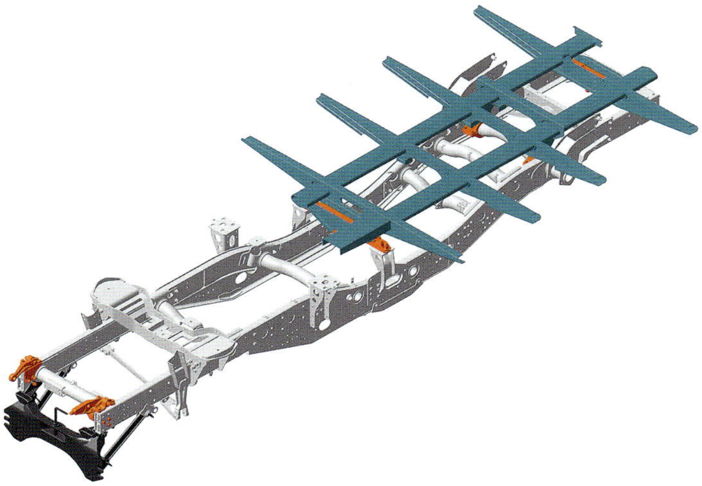

Durch das nach hinten versetzte Antriebsaggregat rückte auch die Kröpfung des Leiterrahmens weiter nach hinten. Dies ermöglichte eine optimierte Schwerpunktlage unter Beibehaltung der erforderlichen hohen Bodenfreiheit. Blau eingefärbt sind die Rahmenanbaupunkte.

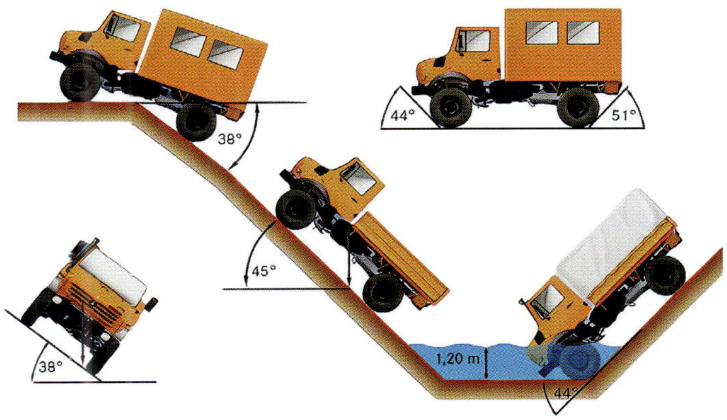

Grafische Übersicht, die die beispielhafte Geländefähigkeit auch der neuen Modelle U 4023 und U 5023 illustriert. Oben links der Rampenwinkel, rechts daneben die Böschungswinkel vorne und hinten, in der Mitte Steigfähigkeit und Wattiefe, links unten die maximale Seitenneigung.

In der Kabine bekommen die meisten Passagiere ein mulmiges Gefühl, wenn sich der Geländegänger dem maximalen Seitenneigungswinkel von 38 Grad und damit der Kippgrenze nähert.

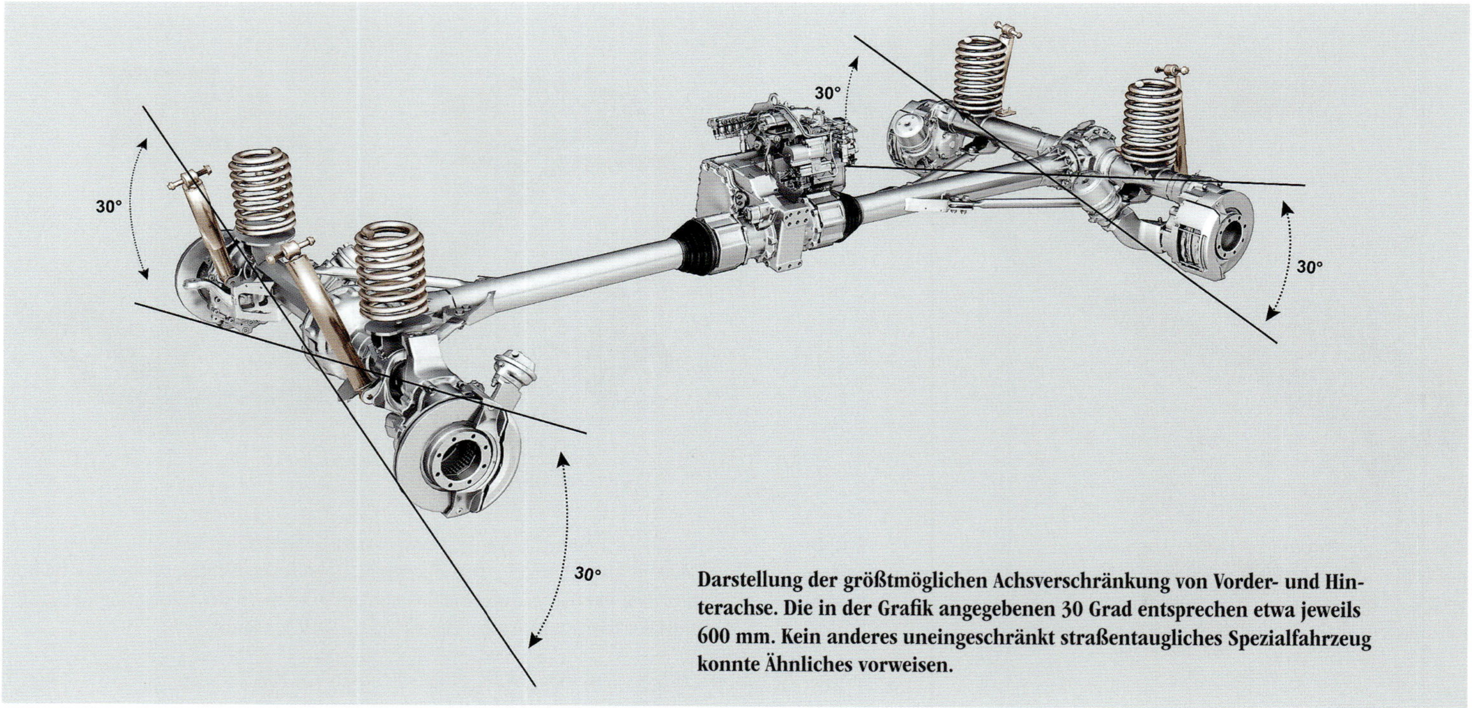

Darstellung der größtmöglichen Achsverschränkung von Vorder- und Hinterachse. Die in der Grafik angegebenen 30 Grad entsprechen etwa jeweils 600 mm. Kein anderes uneingeschränkt straßentaugliches Spezialfahrzeug konnte Ähnliches vorweisen.

Die für Wartung und Unterhaltung der Versorgungsinfrastruktur an schwer zugänglichen Orten notwendige Geländefähigkeit in Verbindung mit speziellen An- oder Aufbauten und ihrer hohen Tragfähigkeit machte die Modelle der Baureihe 437.4 absolut unentbehrlich.

Technisch weiter verbessert und dank modernster Elektronik kinderleicht bedienbar war die neue Reifendruckregelanlage „tirecontrol plus“. Es genügte, einige Tasten an Lenkrad und Armaturentafel zu betätigen, und der Reifenluftdruck erhöhte oder verringerte sich nach Wunsch.

Im Transport-Lkw ohne Nachhall

Die Vorteile einer solchen Lösung waren für den Lkw-Bauer und seine überzeugten Kunden bestechend. Durch die Mittelmotoranordnung eines liegend hinter der Kabine unterbrachten Antriebsaggregats konnten die Fahrerhäuser wesentlich geräumiger gestaltet werden. Zugleich erhöhte sich der Fahrkomfort beträchtlich, da weder übermäßiger Lärm noch Abwärme oder Ausdünstungen des Triebwerks in die Kabine vordrangen. Außerdem war der Motor im Fall von Wartungs- und Reparaturarbeiten gut zugänglich. Als Zugabe verbesserten sich durch die Position und tiefe Einbaulage auch die Fahreigenschaften merklich. Allerdings brachte das Unterflur-Konzept auch einige systembedingte Nachteile mit sich. Zum einen war der Motor samt Nebenaggregaten ständig äußeren Einflüssen durch Witterung und Verschmutzung ausgesetzt. Auch war er für kurze Sattelzugmaschinen nur wenig geeignet, da er eine gewisse Chassislänge erforderte. Auch für Baulaster mit ihrem Anspruch an große Bodenfreiheit kam ein Unterflurmotor nicht in Frage. Hinzu kam, dass sich bei allradgetriebenen Lkw die Kraftableitung an die Achsen nur mit hohem technischen Aufwand befriedigend lösen ließ.

Erfolg im Gelände-Lkw fürs Militär

Wesentlich zielführender wurde das im neuen Unimog 437.4 umgesetzte Mittelmotorkonzept dagegen bei hochgeländegängigen Militär-Allradlern verwirklicht. Ein bedeutender Vertreter dieser Gattung war und ist zum Beispiel der MAN gl. Das Fahrzeug ist bis heute in mehreren Generationen entstanden und nach wie vor bei der Bundeswehr, aber auch bei Hilfsorganisationen wie dem Technischen Hilfswerk im Einsatz. Ab 1976 wurde der gl in vier Nutzlastklassen von 5 bis 15 Tonnen und je nach Gewichtsklasse mit 4x4-, 6x6- und 8x8-Antrieb, also als Zwei-, Drei- und Vierachser eingeführt. Der als Frontlenker ausgelegte Gelände-Lkw diente und dient im Wesentlichen als Pritschenfahrzeug für den Personen- und Materialtransport, aber auch als Geräteträger. Als Antrieb fungierte viele Jahre lang ein komplett hinter dem Fahrerhaus implantierter Diesel-V8 von Deutz, der verschiedene Leistungsstufen von 256 PS/188 kW bis 360 PS/265 kW

Bei Licht betrachtet, unterschieden sich die Einsatzmöglichkeiten der hochgeländegängigen Unimog nur in wenigen Bereichen von denen der Geräteträger der Baureihe 405. Vergleichsweise leichte Arbeiten in der Landwirtschaft gehörten sicher nicht dazu.

durchlief. Dessen ungewöhnliche Einbauposition förderte nicht nur die Geländefähigkeiten des MAN gl, sondern sie kam vor allem den Erfordernissen der militärischen Nutzung entgegen, da sie es ermöglichte, die Höhe des Fahrerhauses auf nur 2900 mm zu beschränken – ein Maß, das für die militärische Transportinfrastruktur von großer Bedeutung war.

Kompromisslose Weiterentwicklung

Von den genannten positiven Effekten einer Mittelmotoranordnung profitierte der neue Unimog also gleich mehrfach, ohne deren potenzielle Nachteile in Kauf nehmen zu müssen: Seine bisher schon einzigartigen Qualitäten im Gelände wurden noch weiter geschärft, und die Fahrerkabine zeigte sich noch geräumiger. Zudem lag das Antriebsaggregat nicht hinter, sondern geschützt unter der Kabine. Die Verlagerung der Motor-Einbauposition zog auch Veränderungen an der Rahmenausführung nach sich, die dazu führten, dass das Antriebsaggregat in seiner neuen Einbaulage zu einem insgesamt niedrigeren Fahrzeugschwerpunkt beitrug, ohne dass dabei die für den Geländeeinsatz so wichtige hohe Bodenfreiheit reduziert wurde. Neben der verbesserten Traktionsleistung bewirkte die nun ausgewogene Gewichtsverteilung außerdem eine Entlastung der Vorderachse, was sich in einer leichteren und präziseren Lenkbarkeit äußerte.

Man konnte nur den Hut ziehen vor den Konstrukteuren in Wörth: Bei den ohnehin unvergleichlichen Offroad-Fähigkeiten des Unimog noch einmal alle Register zu ziehen und eine solch tiefgreifende Konzeptänderung durchzuführen, machte beispielhaft klar, welche Strahlkraft der Unimog nach wie vor besaß.

Getriebe-Update

Für die Unimog-Entwickler bei Mercedes-Benz Special Trucks in Wörth rückte mit der veränderten Einbauposition des Antriebsaggregats auch die Kraftübertragung der hochgeländegängigen Modelle in den Fokus. Zwar war es nicht notwendig – und aus Kostengründen auch nicht angezeigt –, hier eine grundsätzliche Neuentwicklung aufzusetzen, doch war für die Fahrzeuge der neuen Generation eine Optimierung des bisher verwendeten Getriebes fraglos wünschenswert. Dank der um einen Meter nach hinten verschobenen Einbaulage des Triebwerks bot sich hierfür eine interessante Perspektive.

Robuster und variabler

In seiner Grundkonstruktion war das Getriebe vom Typ UG 100-8 unverändert geblieben und verfügte über 8 Vorwärts- und 6 Rückwärtsgänge; im neuen 437.4 wartete es allerdings mit noch höherer Belastbarkeit auf. Für besonders extreme Geländeeinsätze gab es gegen Aufpreis auch eine Geländegruppe mit 8 zusätzlichen Vorwärts- und Rückwärtsgängen, die den Geschwindigkeitsbereich von 2,5 bis 35 km/h abdeckten und auch in aussichtslos scheinenden Offroadsituation noch für Vortrieb sorgten. Zu den serienmäßigen Ausstattungsmerkmalen des Getriebes gehörte weiterhin die „Elektropneumatische Schaltbetätigung“ (EPS) sowie die Wendeschaltung „Electronic Quick Reverse“ (EQR), deren Funktionalität insbesondere im anspruchsvollen Gelände entscheidende Vorteile bot, indem sie das sogenannte Freischaukeln ermöglichte. Ebenfalls ins Getriebe integriert war ein Geschwindigkeitslimiter, der das maximal erreichbare Tempo der beiden hochgeländegängigen Modelle auf 90 km/h begrenzte. Motor- und Getriebespezifikation hätten mühelos auch für höhere Geschwindigkeiten ausgereicht, doch auch so waren beide selbst auf Autobahnen kein Verkehrshindernis.

Automatisierte Schaltung verfügbar

Wem als Nutzer die verkürzten Schaltzeiten der EPS immer noch nicht genügten, konnte nun auch für die neueste Geländegänger-Generation die aus dem Schwer-Lkw Mercedes-Benz Actros bekannte automatisierte Schaltung EAS als Sonderausstattung bestellen. Dieses System übernahm, ebenfalls elektronisch gesteuert, sämtliche bei der Fahrt anfallenden Kupplungsvorgänge selbsttätig und sorgte so für eine nachhaltige Entlastung des Fahrpersonals. Damit war die neue Generation der 437.4-Modelle in puncto Kraftübertragung mit der gleichen Spezifikation versehen wie die 405er – ein weiteres Beispiel für die beim Unimog verfolgte Strategie, die Komponentenvielfalt so weit wie möglich zu reduzieren, ohne dies mit irgendwelchen Nachteilen für den Fahrzeuganwender zu erkaufen.

Wer die Wahl hat… - vor allem ihre extreme Geländekompetenz verschaffte den 437.4-Modellen eine Sonderstellung im Markt. Im Segment der Feuerwehrfahrzeuge, wie in vielen anderen, mussten die Kunden genau abwägen, welche Baureihe besser zu den Einsatzprofilen passte.

Teil der umfangreichen Sonderausstattungsliste für die Geländegänger war eine Erhöhung der möglichen Wattiefe von 800 auf 1200 mm. Die damit verbundenen Maßnahmen waren recht aufwendig, machten den 437.4 aber zur ersten Wahl bei Hilfsorganisationen wie dem THW.

Zusätzlicher Nebenabtrieb

Ein weiterer Aspekt der neuen Einbauposition war die nun gegebene Möglichkeit, einen direkten Nebenabtrieb vom Motor aus zu realisieren, der Antriebsleistung ohne kraftzehrende Umlenkungen für den Aufbauraum hinter der Kabine bereitstellte und zudem den Vorteil bot, Fahrzeug und Zusatzgerät gleichzeitig antreiben zu können. Als Option war darüber hinaus auch der klassische getriebeseitige Nebenabtrieb erhältlich. Beides erinnerte an die Zeiten, als der Unimog sowohl als Geräteträger wie als hochgeländegängiges Spezialfahrzeug genutzt wurde, auch um dem sprichwörtlichen Alleskönner-Image gerecht zu werden. Primär hatten die Entwickler dabei jedoch den internationalen Markt für geländegängige Feuerwehrfahrzeuge im Auge, auf dem der 437er schon seit Jahrzehnten eine unentbehrliche Größe war. Hier stellte der direkte Nebenabtrieb vom Motor einen bedeutenden Praxisvorteil dar, weil er das Betreiben von Löschwasserpumpen bei gleichzeitiger Fortbewegung des Fahrzeugs erlaubte.

Modifikationen am Fahrgestell

Wie bereits an anderer Stelle angedeutet, mussten am Leiterrahmen des Unimog 437.4 aufgrund der veränderten Einbaulage des Antriebsaggregats diverse Veränderungen vorgenommen werden. Erhalten blieb natürlich die seit Jahrzehnten bewährte Konstruktion mit zwei U-Profil-Rahmenlängsträgern, die über eingeschweißte Verstärkungen noch stabiler und belastbarer gemacht worden war. Durch den neuen Einbauort des Motors mussten jedoch die beidseitigen Kröpfungen des Rahmens, die nur noch den hochgeländegängigen Modellen der Baureihe 437.4 vorbehalten waren, ebenfalls weiter nach hinten gerückt werden. Neben der optimierten Schwerpunktlage, die die Fahreigenschaften im Gelände weiter verbesserte, konnte dadurch auch, wie bereits erwähnt, die gewohnt hohe Bodenfreiheit beibehalten werden. Gleichwohl erlaubte auch die leicht modifizierte Rahmenkonfiguration bei Offroadeinsätzen eine Verwindung von bis zu 600 mm – ein nach wie vor unerreichter Wert. In Kombination mit den langhubigen Schraubenfedern, den beiden Portalachsen und der Schubrohrtechnik wurde auch bei den neuen Mittelmotor-Modellen eine Achsverschränkung von bis zu 30 Grad erreicht – Garant für das konkurrenzlose Traktionsniveau von U 4023 und U 5023 im schweren Gelände.

Altbekannte Ausnahmestellung im Gelände

Auch die sonstigen Parameter außergewöhnlicher Offroad-Fähigkeiten, mit denen die neueste Fahrzeuggeneration aufwartete, suchten ihresgleichen: Der mögliche Böschungswinkel betrug vorn 44 und hinten 51 Grad, der Rampenwinkel 38 Grad und der seitliche Neigungswinkel bis zur Kippgrenze 38 Grad; abgerundet wurde das Ganze durch eine Steigfähigkeit von 45 Grad und eine serienmäßige Watfähigkeit von 800 mm, die als aufpreispflichtige Sonderausstattung auch auf 1200 mm angehoben werden konnte. Alle diese Werte waren so gut, dass die Grenzen des Fahrzeugs weit höher lagen als die fast aller seiner Bediener – ausgenommen vielleicht absolute Geländeprofis.

Die hochwertigen LED-Scheinwerfer der neuen Modelle waren zwar tief versenkt eingebaut, aber dieses solide Gitter bot verstärkten Schutz gegen äußere Einwirkungen. Ein eigentlich unerlässliches Zubehörteil bei hartem Geländeeinsatz, das gleichwohl auf der Aufpreisliste stand.

Die mächtige, nach oben geführte Auspuffanlage mit Hitzeschutzblech war ebenfalls ein aufpreispflichtiges Extra für die neueste Offroader-Generation. Sie ergänzte den an der rechten A-Säule befindlichen typischen Luftansaugschnorchel der schweren Unimog-Baureihen.

Je nach Bedarf konfigurierbar

Serien- und Wunschausstattung der beiden neuen Modelle orientierten sich an den Maximen Komfort- und Effizienzsteigerung. Vorbei die Zeiten, als Fahrer (und Beifahrer) das ganze Arsenal an Außenspiegeln manuell einstellen mussten. Bei U 4023 und U 5023 waren sie serienmäßig elektrisch justierbar und zudem noch beheizt. Auch wärmedämmendes Glas rundum gehörte jetzt zum Serienumfang. Ebenfalls in Richtung Komfortoptimierung für die Unimog-Besatzung gingen Ausstattungsoptionen wie elektrische Fensterheber und luftgefederte Schwingsitze für Fahrer und Beifahrer. Auch um die Frage, wie man den Zustieg in die hochliegende Kabine bequemer machen konnte, kümmerten sich die Entwickler und realisierten hier ein neues Konzept. Im Serienzustand gab es einen rutschfest gestalteten Auftritt mit zwei Stufen, und wer eine geringere Tritthöhe bevorzugte, konnte gegen Aufpreis auch eine Variante mit drei Stufen ordern, beide ebenfalls rutschfest ausgeführt und mit Haltegriff versehen.

Extra berechnet wurden auch spezielle Anbaubeschläge für schwere Aufbauten, wie etwa einen Kran. In einem solchen Fall musste ergänzend die rahmenseitige Komponentenanordnung für die Stützausleger angepasst werden.

Als neues Extras konnte unter anderem, ähnlich wie bei den Fahrzeugen der Baureihe 405, ein Kamera-System an Front und Heck samt zugehörigem Monitor geliefert werden, mit dessen Hilfe sich das direkte Fahrzeugumfeld vorne und hinten kontrollieren ließ. Ebenso der Sicherheit diente eine beheizbare Windschutzscheibe, die als Sonderausstattung verfügbar war. Als traditionell in den Aufpreislisten aufgeführtes Extra, das schon in den 1970er-Jahren für die ähnlichen Kabinen der Baureihe 435 angeboten wurde, war bei den aktuellen 437.4-Modellen auch wieder eine runde, schwenkbar ausgeführte Dachluke zu ordern. Diese hatte man seinerzeit insbesondere mit Blick auf zu erwartende Beschaffungsmaßnahmen der Bundeswehr und anderer internationaler Streitkräfte vorgesehen. Es ist unbekannt, ob bei der neuesten Modellgeneration ähnliche Überlegungen im Hintergrund eine Rolle spielten; die

Dachluke – für die man sich kaum andere Nutzungsmöglichkeiten als militärische vorstellen konnte, war jedenfalls gegen Aufpreis lieferbar.

Bedienungskomfort elektronisch unterstützt

Ein Highlight unter den Sonderausstattungen war die weiterentwickelte Reifendruckregelanlage „tirecontrol plus". Das System, das den Reifendruck an die unterschiedlichsten Einsatzprofile auf und jenseits der Straße anpassen konnte, war nun mithilfe der modernen Bordelektronik noch komfortabler und einfacher zu bedienen. Per Lenkradtaste und entsprechender Anzeige im TFT-Display konnte der Anwender zwischen vier Einsatzmodi auswählen: Straßenbetrieb, Geländebetrieb, erschwerter Betrieb in Sand, Schlamm und Schnee sowie Notfallbetrieb. Das Erhöhen und Verringern von Reifendruck war dann – innerhalb bestimmter sicherheitsrelevanter Eckwerte – durch simples Betätigen zweier Drucktasten im Bedienblock auf der Armaturentafel vorzunehmen. Die serienmäßigen Reifenformate lauteten beim U 4023 335/80 R 20 und beim U 5023 365/85 R 20. Auf Wunsch konnten weitere Dimensionen und darüber hinaus auch Niederdruckreifen mit unterschiedlichen Profilen spezifiziert werden.

Offroader oder doch Alleskönner?

Auch in seiner technisch noch einmal für den besonders anspruchsvollen Offroadeinsatz optimierten Form schwebte der Mittelmotor-437er ein wenig zwischen den Welten. Schließlich hatte er seine Wurzeln ja noch in der jahrzehntelang vertretenen Alleskönner-Philosophie und war der direkte Nachfahre zahlreicher Generationen schwerer Unimog-Modelle. Die Geräteträger-Baureihe 405 war dagegen gewissermaßen als eigene Produktlinie positioniert, wenngleich sie sich eine Vielzahl techni-

Fast wie in alten Tagen: Ab 2015 gab es zunächst nur für den U 5023 wieder eine Kommunalausstattung, die eine Frontanbauplatte und zahlreiche andere Merkmale umfasste. Das abgebildete Fahrzeug ist mit Streuaufbau für den Winterdienst, Ladekran und Frontseilwinde versehen.

scher Kernelemente wie auch ihre Grundkonzeption mit dem nun seit längerem als „hochgeländegängiger Unimog" vermarkteten Klassiker teilte. Letzteren ausschließlich über dieses Attribut zu definieren und auf diese Weise genügend Kunden zu finden, wäre im Rahmen der aktuellen Marketingstrategie von MBS ein großes Wagnis gewesen. Die Märkte für ein so hochspezialisiertes Fahrzeug waren sehr limitiert und überschnitten sich gelegentlich mit jenen, die auch mit den Fahrzeugen der Baureihe 405 bedient werden konnten. Das galt zum Beispiel für den Bereich der Feuerwehr und andere. Einzig das deutliche Plus an Geländegängigkeit sicherte den 437.4-Modellen Marktsegmente, die allein ihnen vorbehalten blieben.

Die Ausführung mit Doppelkabine wurde ab 2016 ins Programm aufgenommen und war für beide Modelle der Offroader-Baureihe verfügbar. Schon seit längerer Zeit hatte die Nachfrage bestimmter Kundenkreise nach dem Viertürer angezogen.

Kluge Marketingstrategie

Insofern war das Bestreben der Unimog-Entwickler verständlich, die neue Fahrzeuggeneration der Offroader einerseits in ihren Kernqualitäten weiter zu verbessern, andererseits aber auch wieder ein Stück weit deren Multifunktionalität zu stärken, wie es etwa durch die oben erwähnte Einführung der direkt motorgetriebenen Abtriebswelle geschah. Der Klassiker konnte es sich auch unter den inzwischen gegebenen günstigeren Rahmenbedingungen nicht leisten, selbst die kleinsten Kundenpotenziale ungenutzt zu lassen. Nicht zuletzt in der Landwirtschaft, einer seiner früheren Domänen, oder für bestimmte Erdarbeiten mit schweren Kranaufbauten existierten für den Geländegänger Einsatznischen, für deren optimale Abdeckung er nach wie vor erste Wahl war. So war es am Ende eine zielführende Strategie der Sparte Mercedes-Benz Special Trucks, die Modelle der Baureihe 437.4 nicht eindimensional zu betrachten, sondern deren vielfältigen Talente weiterhin zu fördern.

Selbst für Unimog-atypische Anwendungen, hier zum Beispiel als Abrollkipper mit Hakenlift und Seilwinde, stand der Geländegänger bereit. In diesem Fall handelt es sich um einen U 5023.

437.4 – Technik noch nicht ausgereizt

Gemäß der Zielsetzung, selbst unterschiedlichste Kundenkreise mit ihren jeweils eigenen Anforderungsprofilen zufriedenzustellen, ließ die für den Unimog zuständige Sparte Mercedes-Benz Special Trucks die hochgeländegängigen Modelle U 4023 und U 5023 keineswegs in ihrer Offroader-Nische dümpeln. Dank konsequenter Weiterentwicklung profitierten sie – sozusagen als Reminiszenz an ihre Alleskönner-DNA – von neuen Ausstattungsmerkmalen, die ihr Einsatzspektrum verbreiterten.

Verlängerte Optionenliste

Zum Zeitpunkt ihrer Markteinführung war für die hochgeländegängigen Modelle U 4023 und U 5023 bereits eine Vielzahl von Sonderausstattungen lieferbar. Diese waren zum einen gedacht, um vonseiten der Anwender die Grenze der Einsatzmöglichkeiten noch weiter hinausschieben zu können, und zum anderen dazu, die Multifunktionsfähigkeit auch des Offroaders zu sichern und in bestimmten Bereichen sogar noch auszubauen – nämlich dort, wo diese im Zusammenwirken mit der einzigartigen Geländekompetenz des Unimog 437.4 spezielle Einsatznischen und damit weitere Absatzpotenziale erschloss.

Zur ersten Kategorie gehörten beispielsweise für Anwendungen in extremen Kältezonen, wie unter anderem dem Polarkreis, ein sogenanntes Kältepaket, das bis zu Außentemperaturen von -26° C die einwandfreie Funktion aller Fahrzeugkomponenten garantierte. Ergänzt werden konnte diese Sonderausstattung durch eine Motor- und eine Kraftstoffvorwärmung. Erstere reduzierte den Verschleiß am Antriebsaggregat beim Kaltstart, indem das Kühlmittel erwärmt wurde und damit die Motortemperatur schneller in das optimale Arbeitsfenster gelangte und eine unmittelbare Schmierfähigkeit des Motoröls sicherstellte. Die Kraftstoffvorwärmung war eine dieselspezifische Erfordernis, wenn die Außentemperaturen in extreme Minusgrade absanken. Weil Dieselkraftstoff die Eigenschaft hat, bei Kälte zu versulzen – dabei flockt das im Kraftstoff enthaltene Paraffin aus –, und der an regulären Tankstellen verfügbare sogenannte Winterdiesel dieses Problem nur bis -20° C aus der Welt schafft, war an Einsatzorten mit besonders tiefen Temperaturen eine zusätzliche Vorwärmung des Kraftstoffs samt der entsprechenden Filter unerlässlich.

Fast wie ein 405er…

Die Multifunktionsfähigkeit von U 4023 und U 5023 unterstützten Sonderausstattungsmerkmale, wie der bereits erwähnte Motornebenabtrieb und die klassische Frontanbauplatte zum Ankoppeln einer Vielzahl von Zusatzgeräten. Eine herausgehobene Bedeutung hatten für die Geländegänger jedoch deren Möglichkeiten zur Aufnahme verschiedenster Aufbauten. In der gegebenen Form, und auch im Vergleich zu den Fahrzeugen der Baureihe 405, besaßen die beiden Offroader hier ein echtes Alleinstellungsmerkmal. So gab es zum Beispiel gegen Aufpreis eine Bodengruppe mit doppelter verwindungsfähiger 3-Punkt-Lagerung, die ebenfalls für den anspruchsvollen Geländeeinsatz gedacht war wie die zusätzlich verfügbaren, eigens darauf abgestimmten Befestigungsteile zur besonders verwindungsfähigen Aufbaulagerung. Gleiches galt für spezielle Anbaubeschläge für schwere Aufbauten, wie beispielsweise einen Kran, samt der dafür erforderlichen rahmenseitigen Komponentenanordnung für Stützausleger. Während die optionalen Verzurr- und Verladeösen sowie Anbaubeschläge für Seilwinden eher zum Normalprogramm gehörten, hielt die Sonderausstattungsliste in puncto Fahrzeugelektrik noch manche Spezialität bereit. Unter anderem gehörten dazu ein verstärkter Generator mit 28 V und 150 A, der auf Wunsch auch besonders schmutz- und wassergeschützt war, sowie eine Hochleistungsbatterie mit einer Kapazität von 170 Ah. Kleinigkeiten wie nach hinten ausgerichtete Arbeitsscheinwerfer oder Lampenschutzgitter rundeten das umfangreiche Angebot an Extras für die Baureihe 437.4 ab.

Ähnlich, aber nicht identisch

Trotz mancher Ähnlichkeiten in der technischen Ausführung der Geräteträger-Baureihe 405 und der aktuellen Generation der 437.4-Modelle, gab es auch eine Reihe eindeutiger Differenzierungsmerkmale zwischen beiden Fahrzeugfamilien. Diese ließen keine Zweifel daran, dass es sich zwar um im Grundsatz verwandte, aber jeweils doch mit anderer Zielrichtung versehene Entwicklungsstränge handelte, die man bei MBS verfolgte. Die Geländegänger zeigten vor allem mit ihrem nach hinten verlegten Motor, wie sehr die Geländetauglichkeit als herausragendes Merkmal in den Mittelpunkt gerückt wurde. Verglichen damit, war etwa die direkt motorgetriebene Abtriebswelle

Die Pritsche dieses U 5023 mit Trommelseilwinde ist für den Personentransport gedacht. Das Fahrzeug befindet sich in einem Erprobungseinsatz beim Bundesamt für Bevölkerungsschutz und Katastrophenhilfe (BBK).

Hier ist gut zu erkennen, dass die vorderen und hinteren Türen der Doppelkabine identisch waren. An den hinteren fanden sich sogar die drei Befestigungslöcher für die Außenspiegel. Diese hatte man allerdings mit schwarzen Blindstopfen verschlossen.

lediglich eine effizienzsteigernde Maßnahme, die nicht dazu geeignet war, eine interne Konkurrenzsituation zu den Geräteträgern herzustellen. Auch suchte man bei den Offroadern technische Highlights wie die verschiebbare „VarioPilot"-Lenkung und die Allradlenkung vergebens – beides Ausstattungsoptionen, die den Kernkompetenzen der 405er-Fahrzeuge zuzuordnen waren. Dies traf in besonderem Maß auch auf die Gestaltung der Kabinen zu: Die der Geräteträger war ausgeklügelt auf die Anwendungszwecke dieser Fahrzeuge hin konzipiert, mit riesigen Glasflächen und nahezu perfekter Übersichtlichkeit. Die der Geländegänger war hingegen schon fast vierzig Jahre in äußerlich nahezu unveränderter Form im Gebrauch; optimale Sichtverhältnisse waren hier nicht oberste Priorität.

Jeweils klar erkennbare Stärken

Auf der anderen Seite hatten die 405er wiederum, trotz ähnlicher technischer Ausstattung in diesem Bereich, klare Limitationen im Hinblick auf ihre Fähigkeiten in anspruchsvollem Gelände. Ähnlich verhielt es sich bei der möglichen Wattiefe, die bei U 4023 und U 5023 deutlich stärker ausgeprägt war. Und als Expeditions- oder Militärfahrzeug konnte man sich einen U 216, U 427 oder U 530 kaum vorstellen – wenngleich es auch hierfür einzelne Beispiele gab. So verteilten sich, bei aller technischen Verwandtschaft, die Einsatzprofile beider Modellfamilien doch relativ klar. Wenn es um Waldbrandbekämpfung, den Katastrophenschutz, spezielle schwere Kraneinsätze an schwer zugänglichen Orten und ähnliches ging, führte kein Weg am hochgeländegängigen Unimog vorbei; ging es allerdings insbesondere um möglichst effizient zu erledigende Kommunaleinsätze, hatten die 405er klar die Nase vorn. Dass Mercedes-Benz Special Trucks (MBS) versuchte, in seinen Marketingmaßnahmen den jeweiligen Anwendungsprofilen der beiden Baureihen eine besonders klare Kontur zu geben, war Bestandteil einer modernen Vermarktungsstrategie. Letztlich entschieden aber immer noch die Kunden, welchem Unimog-Modell sie mit Blick auf ihre individuellen Einsatzerfordernisse den Vorzug gaben.

Der „Kommunal-Offroader"

Vielleicht stand diese eigentlich banale Wahrheit auch hinter der Entscheidung von MBS, im Sommer 2015 zunächst für den U 5023, dem Spitzenmodell der Geländegänger, eine Kommunalausstattung anzubieten. Ausgerüstet mit der erforderlichen Hydraulik für das schnelle Wechseln von An- und Aufbaugeräten verschiedenster Art, ließ sich ein solcher „Kommunal-Offroader" ähnlich universell einsetzen wie ein 405er und hatte dabei den zusätzlichen Vorteil, auch bei Hochwasser- oder anderen Katastrophen- und Gefahrenlagen selbst im Extremfall noch für Rettungs- und Bergungsmaßnahmen genutzt werden zu können, weil es für ihn kaum Hindernisse gab.

Die Doka als Absatzgarant

Der nächste, fast logische Entwicklungsschritt für den 437.4 folgte knapp ein Jahr später: Wie schon bei den Vorgänger-Generationen wurde Anfang 2016 eine Doppelkabinen-Version ins Angebot aufgenommen, die für beide Modellversionen verfügbar war. Damit schufen die Entwickler ein weiteres Alleinstellungsmerkmal gegenüber der Geräteträger-Baureihe. Durch den um einen Meter nach hinten versetzten Motor konnten die Entwickler nicht einfach auf die bisherige Doppelkabine zurückgreifen. Stattdessen mussten verschiedene Anpassungsmaßnahmen vorgenommen werden, was unter anderem mit sich brachte, dass der direkte Motorabtrieb in dieser Version nicht beibehalten werden konnte. Dort, wo bei der Einfachkabine die Kraftabnahme der Abtriebswelle lag, befand sich nun der hintere Teil der Doppelkabine – ein schmerzlicher, aber unvermeidlicher Kompromiss, den man hatte eingehen müssen, um die traditionell gut verkäufliche viertürige Version verwirklichen zu können.

Weitere Verfeinerung des Konzepts

Äußerlich unterschied sich das große Fahrerhaus nicht sichtbar von der Vorgängerversion. Obwohl es um ein paar wenige Zentimeter an Länge zugelegt hatte, erlaubte es bei unverändertem Radstand von 3850 mm eine um 100 mm auf 3200 mm vergrößerte Aufbaulänge. Wie bisher, waren die beiden zusätzlichen Türen in Abmessungen und Ausführung identisch mit den vorderen – was schlicht ein Gebot rationeller Fertigung war. Dafür nahm man sogar in Kauf, dass auch bei den hinteren Türen die Befestigungspunkte der Außenspiegel zu sehen waren... Die hinteren Sitzgelegenheiten standen in zwei Varianten zur Verfügung: Zum einen gab es eine Rückbank für vier Passagiere, die die Personentransport-Kapazität der Doppelkabine auf insgesamt maximal sieben Personen einschließlich Fahrer anwachsen ließ. Alternativ dazu war auf Wunsch eine Ausführung mit nur zwei luftgefederten Einzelsitzen zu haben. Da die zwei oder optional drei Plätze in der vorderen Reihe in jedem Fall erhalten blieben, beschränkte sich in diesem Fall die maximale Unimog-Besatzung auf fünf Personen, einschließlich dem Fahrer. Um dem höheren Bedarf an Unterbringungsmöglichkeiten für mitgeführte Utensilien verschiedenster Art Rechnung zu tragen, war die Sitzfläche der Rückbank aufklappbar und bot Zugang zu einem voluminösen Stauraum.

Kaum beeinträchtigte Nutzlast

An Komfort mangelte es auch der Doppelkabine nicht. Das Entern der hinteren Plätze gelang dank weit öffnender Türen und dreier Trittstufen durchaus bequem, und auch das Raumangebot war selbst bei Belegung aller vier Sitzplätze ausreichend; vor allem gab es im Fond genügend Kopfraum, um sich dort zum Beispiel auch mit aufgesetztem Schutzhelm problemlos aufhalten zu können. Ebenfalls hatten sich die Entwickler dazu entschlossen, das Thema der Klimatisierung der Doppelkabine anders als bisher anzugehen. Um auch bei maximaler Anzahl von Mitfahrern für gute Luft im Innenraum zu sorgen, bediente man sich nicht mehr, wie zuvor, einer Aufbauklimaanlage auf dem Kabinendach, sondern integrierte die gesamte Anlage ins Fahrzeug, was angesichts des durch die Mittelmotorlage insgesamt veränderten Packagings der Technikkomponenten erleichtert wurde. Insgesamt gelang es den für den Unimog zuständigen Ingenieuren in Wörth, das Zusatzgewicht der Doppelkabine auf lediglich 120 Kilogramm zu beschränken – eine Größenordnung, die der Nutzlastkapazität des Geländegängers nahezu keinen Abbruch tat.

Auch beim Kampfmittelräumdienst machen sich die Unimog Geländegänger nützlich - hier mit Ladekran und einer Reifendruckregelanlage zur Bewältigung anspruchsvoller Geländepassagen.